スッキリ！がってん！
無線通信の本

阪田 史郎 [著]

電気書院

はじめに

　無線通信の起源は19世紀後半であるが，無線通信の媒体となる電磁波の一種の電波の原理は18世紀末から研究が活発化した電磁気学を基礎とし，波動，光学とも深く関係する．一方，無線通信が一般化した歴史は，大きくAMラジオ放送が開始された20世紀半ばと，ディジタル携帯電話や無線LANが普及し始めた1990年代の2段階に分けられる．

　特に1990年代以降の無線通信の実用化技術の進展は目覚ましく，無線通信は，性能，機能，使い勝手などの面で，既に私達の産業，社会や日常生活の隅々に深く融け込んでいる．さらに，21世紀初頭以降のユビキタスネットワークからM2M (Machine-to-Machine) ／IoT (Internet of Things) への進展により，ビッグデータも絡めたさらなる浸透が期待されている．1970年代より，無線通信の研究者や技術者から「21世紀は無線の世紀」と提唱されることが多くなったが，この提唱がようやく現実のものになりつつある．

　無線通信の研究が本格化して約150年を経た現在，携帯電話網も無線LANも広く利用されるネットワークとしての性能は限界に近づきつつあると言われている．一方，2020年代以降のM2M／IoTの時代には，スマートフォン，タブレットに加えてセンサや車，家電，ロボット，ウェアラブル機器 (眼鏡型や腕時計型) などが中心的な通信ノードになり，これらの間での無線通信をつかさどる2000年以降に新たに開発されたネットワークが益々重要な役割を果たす．このような時期における本書の企画，出版は極めてタイムリーという

ことができる．

　本書は，無線通信の基本原理から主要技術の専門的な内容，将来展望を含めた応用までを包括的かつ体系的に把握できるように，以下のような構成をとっている．1編では無線通信とは何？という疑問に対して高校で履修する電磁気学や波動，光学の基本法則から解きほぐして説明する入門的内容，2編では主要な無線通信技術のやや専門的で詳細な内容，3編では無線通信を応用したネットワークとそれらの将来展望をまとめている．

　本書が，大学や研究機関においてICTを専門とする大学，大学院の学生や研究者，教育者，企業においてICT関連の業務に携わられている研究者，技術者，SE，企画・調査に携わる方々に，今後M2M／IoTの主役となる無線通信の基本技術や無線ネットワークの将来動向の理解を深める上での一助になれば幸いである．

　最後に，本書の企画，出版に当たり多大な御支援を頂いた㈱電気書院　鎌野恵様はじめ関係者の皆様に深く感謝致します．

2015年11月　著者記す

目　次

はじめに —— *iii*

1　無線通信ってなあに

1.1　無線通信と電波 —— *1*

1.2　無線通信の歴史 —— *8*

1.3　電波の性質 —— *10*

1.4　無線通信の種類 —— *22*

2　無線通信の基礎

2.1　無線通信の基礎 —— *25*

2.2　変調方式 —— *27*

2.3　多元アクセス方式 —— *56*

2.4　スペクトル拡散 —— *65*

2.5　アンテナ —— *70*

2.6　品質改善方式 —— *81*

3 無線通信の応用

- 3.1 無線ネットワークの分類と動向 —— *87*
- 3.2 短距離無線 —— *91*
- 3.3 無線PAN —— *93*
- 3.4 無線LAN —— *115*
- 3.5 無線MAN —— *130*
- 3.6 携帯電話網 —— *136*
- 3.7 応用ネットワーク —— *142*

参考文献 —— *157*
索引 —— *158*

無線通信ってなあに

1.1 無線通信と電波

(i) 無線通信とは

無線通信のイメージをつかむため,音声の通信を例にとって基本事項を説明する.

(1) 無線通信と有線通信

音声による近距離での対話は,図1・1(a)のように伝送媒体である大気に対してそのままの形で送信される無線通信である.一方,例えば糸電話は最も基本的な有線通信といえるが,この場合,図1・1(b)のように音声の振動(信号)は繊維(糸)を媒体として伝送される.

無線通信と有線通信を比較すると,同じ送信出力(声の大きさ)

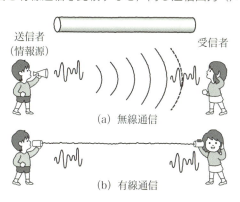

図1・1 無線通信と有線通信

と受信能力（耳のよさ）であれば，無線通信より有線通信の方がより遠距離の伝送が可能である．有線通信では，通信線路を設置さえすれば，複数組の通信が互いの妨害なしに同時に行える．また，通信媒体の管理が十分であれば，第三者の傍受も防ぐことができる．

一方，有線通信には，通信線路の設置が必要，線路が損傷を受けると通信ができなくなる，移動の自由度に大きな制約がある，という欠点がある．無線通信と有線通信は，これらの特質のバランスの上で選択されることになる．表1・1に無線通信と有線通信の比較をまとめて示す．

(2) 無線周波数信号

音声に限らず，通信機器・システムでは，送信したい情報はいったん電気信号に変換してから伝送する．

無線通信では，図1・2のように，さらにある種の変形を施し，無線周波数信号として伝送する．受信側では，この無線周波数信号

表1・1 無線通信と有線通信の比較

項目	無線通信	有線通信
通信形態	・1：1に加え，1：nの一斉同報（放送）が可能 ・移動通信が可能	・基本的に1：1 ・固定通信のみ
伝送媒体 （エネルギー伝送）	開空間（電界，磁界）	閉伝送路 （平衡・同軸ケーブル：電圧，電流 光ケーブル：電界，磁界）
情報の伝送量	制限あり （周波数帯域が有限）	大
伝送の安定性	小（フェージングなどにより変動）	大
通信路の設置性・迅速性	大	小（敷設工事が必要）

1.1 無線通信と電波

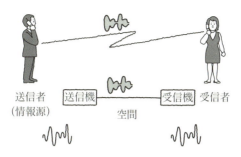

図1・2　無線通信システム

から，情報を元に戻すことで通信を実現する．この無線周波数信号が電波であり，後述するように，変形を施すことを変調，元に戻すことを復調と呼ぶ．

(ii) 無線通信のしくみ

電磁波，電波の基本知識を通した無線通信のしくみについて述べる．

(1) 電磁波の発生

電波による通信がどのように行われるかを理解するため，アンテナの役割も含め電磁波の発生する原理について説明する．

図1・3(a)のように，空間上の2点にある平行導体板2枚を一定の間隔で離したコンデンサを用いる．導体板の間に電位差を与えると，電位の高い方から低い方へ向かって電界が生じる．導体板に直流電流を与えたときの電界は一定の方向に向くが，交流電流を与えたときの電界の向きは時間とともに変化する．交流を与えた導体間には電流が流れ，その大きさは周波数や導体間の面積に比例し，導体間間隔に反比例する性質がある．この性質は，真空中にある平行板コンデンサの電気容量 C_0 が(1)式で与えられることによる．

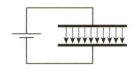

(a) コンデンサ

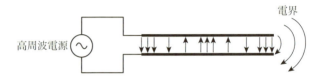

(b) アンテナの動作

図1・3 平行二線と電界

$$C_0 = \varepsilon_0 \frac{S}{d} \tag{1}$$

ここで，

S [m²]：平行板の対向面積（極板が向かいあっている部分の有効面積）

d [m]：平行板間距離

ε_0 [F/m]：真空の誘電率

一方，電界が変化すると交流磁界が生じる．コンデンサ内部で生じる電界や磁界は，その内部に閉じ込められた定常的なものである．また，2本の平行線に交流電位を与えると，そこに生じる電界や磁界は外に出やすくなるように思えるが，それぞれの線から発生する電界や磁界は互いに打ち消しあうため，ほとんど外に出ない．図1・3(b)のように，平行二線の先端を開き，電界や磁界を外部に出やすくしたものがアンテナである．高周波電源から流れ出す高周波電流が，平行二線を右へ伝わる際に，エネルギーが電界という波になって線路を進み，アンテナから放射される．このときに発生する電界

と磁界には，静電界と誘導電磁界と放射電磁界の3種類がある．放射電磁界は，時間とともに変化する電界が磁界をつくり，時間とともに変化する磁界が電界をつくる．

このように，空間の電界と磁界が互いに助け合いながら伝搬していく波を電磁波という．外界への電磁波の放射は，電界と磁界が助け合いながら強められ，これがアンテナから電磁波が放射される原理である．図1・4に，電界と磁界が互いに助け合いながら伝搬していく電磁波の様子を示す．

電磁波の発生には，空間に電界が発生すること，その電界が外部に漏れることが必要である．電磁波は波であるため，波長の違いにより異なる性質をもつ．

アンテナに大きな電流を流して通信に必要な電力を空間上に放射

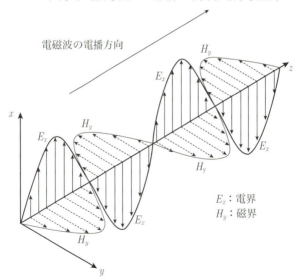

図1・4　電界と磁界と電磁波の伝搬の関係

するには,導体板の面積を大きくするか周波数を高くすればよい.しかし,導体板の面積を大きくすると,電界は導体板の中に閉じ込められて放射されにくくなる.また,電磁波の放射は共振という物理現象に依存するため,アンテナの長さは電磁波の乗りやすい半波長のものが多く使われる.このため,周波数を高くすることになる.アンテナに流す電流の大きさは,アンテナに加える電圧の時間変化に比例する.例えば,1 MHzの波は1 kHzの波の1周期中に1 000周期入る.振幅の時間勾配も1 000倍となるため,1 kHzの電磁波は放射されにくく,1 MHzの電磁波は放射されやすい.

(2) 無線通信と電波

時間的に正弦波状に変化する電磁波の山と山,あるいは谷と谷の間の距離が波長λであり,波の形が単位時間内に繰り返す数が周波数fである.図1・5のように光速cとの間には(2)式の関係がある.

$$f = \frac{c}{\lambda} [\text{Hz}] \tag{2}$$

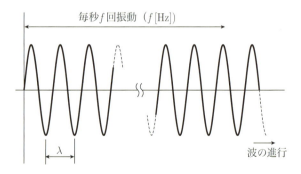

λ:波長(波が1回振動したときの距離)
伝搬速度 = 周波数 × 波長 = $f \cdot \lambda$

図1・5 周波数,波長,伝搬速度の関係

1.1 無線通信と電波

電波においても(2)式が成り立ち，電波は電磁波の一種である．電波は，電磁波のうち光より周波数が低い（波長の長い）ものを指す．電磁波は，図1・6のように，低い周波数から高い周波数にかけて，電波→赤外線→可視光線→紫外線→放射線（X線，ガンマ線）と呼ばれる．

通信に関する国際的な標準化機関であるITU（International Telecommunication Union：国際電気通信連合）では，電波とは，「電線，ケーブル，導波管などの人工的な導波体のない空間を伝搬する

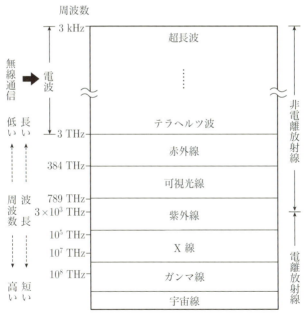

電離放射線：電離させることができる電磁波
非電離放射線：電離させることができない電磁波

図1・6　周波数による電磁波の分類

3 000 GHz = 3×10^6 MHz(波長0.1 mm)より低い周波数の電磁波」と定義されている.

無線通信は,空間を伝搬する性質がある電波による通信を意味する.無線通信では,空間に信号をアンテナから放射し,別の地点でアンテナにより信号を取り出すことで,有線のケーブルを用いることなく離れた地点間で情報をやりとりする.

電波の利用分野は極めて広く,身近なものでも,携帯電話網や無線LAN,無線PAN(Bluetooth,電子タグ,センサネットワークなど),航空通信,船舶通信などの情報通信,地上テレビ放送,ラジオ放送,衛星放送などの放送,さらにパルスレーダ,気象レーダ,電波天文,測距・測位などが挙げられる.

1.2 無線通信の歴史

電波自体は,雷による放電や太陽電波として人類が人工的に発生させる以前から自然界に存在していた.電磁気学の研究が発展したのは,19世紀後半から20世紀初頭にかけてである.マクスウェル(Maxwell, J. C.)は,ファラデー(Faraday, M.)の実験的研究を詳細に解析し理論的考察を進めた結果,1864年に電磁波の存在を数学的に予言するに至った.

約20年後の1886〜1888年にかけて,ヘルツ(Hertz, H. R.)により初めて電波の存在が実験的に証明された.ヘルツの実験は,火花放電により電磁波を発生させるもので,火花は小さい導体球を対向させ,それに誘導コイルを接続し,コンデンサを形成する導体平板の電荷を放電させるものであった.図1・7にヘルツの実験装置を示す.

このように,マクスウェルの予言した電磁波の存在はヘルツによって確かめられたが,当時はどのような利用方法があるか明らかでな

1.2 無線通信の歴史

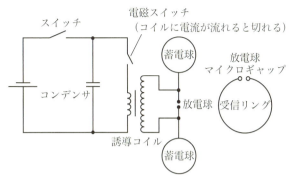

図1・7 ヘルツの実験装置

く，実用的な価値は認められなかった．

その後，1896年にマルコーニ（Marconi, G.）は，電線を用いずに電波によって遠く離れた地点間で通信することに成功した．これは，火花放電によって発生した振動電波をアンテナから放射させるもので，これにより無線通信の基礎が築かれた．図1・8にマルコーニの実験装置を示す．さらに，1901年にはマルコーニは，大西洋横断通信実験に成功し，無線通信の実用性が認められるようになった．

20世紀に入り，電子回路，アンテナ，各種通信制御装置の開発

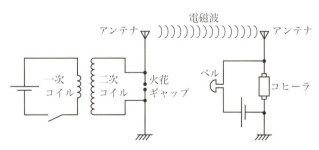

図1・8 マルコーニの実験装置

に伴い，ラジオ放送，テレビ放送，衛星通信，自動車電話等が次々に実用化された．特に，1980年代以降のディジタル処理技術の進展は目覚ましいものがあり，無線通信の高速化，高品質化，高信頼化，端末の高密度，小形化，高機能化，さらには低価格化を実現した．「21世紀は無線の時代」と呼ばれることも多くなり，1990年代前半には携帯電話，同後半には無線LAN（Local Area Network）の利用が始まった．

21世紀に入り，ユビキタスネットワークへの注目とともに，RFID（Radio Frequency Identification，電子タグ）に代表される短距離無線や，Bluetoothやセンサネットワークなどの無線PAN（Personal Area Network）などの開発が活発化した．2010年代半ば以降は，無線通信がユビキタスネットワークをさらに発展させたIoT（Internet of Things）やM2M（Machine-to-Machine）の中核技術と位置づけられ，家電やウェアラブル機器，ロボットなどにも応用されるようになっている．

無線通信に関連する技術，サービスの主な歴史を表1・2に示す．

1.3 電波の性質

電波の性質を前述内容も含めて以下にまとめて示す．

① 電波は，図1・4のように発信源から3次元の立方体に広がってゆき，進行方向と直角に振動する電界と，さらに電界と直角に振動する磁界をもつ．また，図1・9のように，電波はその強さが波の進行方向に対して垂直方向に変化する横波である．

一方，電波と対比される音波は，同じ波でも空気と物質の振動であり，強さの変化が波の進行方向に変化する縦波である．真空中を進む電波の速さは光速（$c = 3 \times 10^8$ m/s）と同じである．これに対し，

1.3 電波の性質

表 1・2 無線通信技術，サービスの主な歴史

西暦年号	世界	日本
1837	モールスの電信機	
1864	マクスウェルの電磁方程式	
1888	ヘルツによる電磁波の実験的確認	
1896	マルコーニによる無線電信実験	
1900		無線電信に成功
1901	マルコーニによる大西洋横断無線電信	
1920	ラジオ放送局の開設（米国）	
1925		ラジオ放送局開設
1937	イギリスBBCによるテレビ放送開始	
1968		ポケットベルサービス開始
1979		自動車電話サービス開始
1992	ディジタル携帯電話サービス（GSM）開始	
1993		ディジタル携帯電話サービス（PDC）開始
1998	無線LAN（IEEE 802.11）利用開始	
2001	第3世代携帯電話サービス（IMT-2000）開始	第3世代携帯電話サービス（IMT-2000）開始，無線LAN（IEEE 802.11）利用開始
2010	第3.9世代携帯電話サービス（LTE）開始	第3.9世代携帯電話サービス（LTE）開始
2014	一部の機能で第4世代携帯電話網サービス（LTE-Advanced）開始	一部の機能で第4世代携帯電話網サービス（LTE-Advanced）開始 無線LAN（IEEE 802.11ac）製品化

GSM：Global System for Mobile communications
PDC：Personal Digital Cellular
IMT：International Mobile Telecommunication

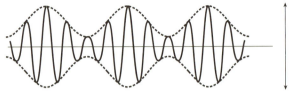

(a) 横波(電波)

(b) 縦波(音波)

図1・9 横波と縦波

音速は約100万分の1の331.45 m/sである.

② 電波は波であるため,波長,強度,偏波(電波の空間に対する向き.2編の2.5で詳しく述べる)によって特徴づけられる.空間内では光速で直進し,物体に当たれば光や音と同様に反射,屈折し,また物体自身から出ている電波を受信すると,その物質の位置だけでなく状態もわかる.

電波のこの性質により,離れた場所にある物体の検知やその状態を探知することができる.この代表例がレーダであり,レーダでは,電波を発射して物体から反射して返ってくる電波を受けて,その存在や様子を知る.また,反射,屈折,遮へいに加えて回折,干渉,散乱などの現象も起こる.これらの現象は音波,水の波,電磁波などを含むあらゆる波について起こる.

1.3 電波の性質

③ 電波は伝搬するにつれて拡散するため弱くなり，その電界強度は距離に反比例する．アンテナからは静電界や誘導電磁界も発生するが，それぞれの強度は距離の2乗と3乗に反比例するため，例えば波長の10倍程度離れた場所では，これらの影響はわずかである．

④ 電波の周波数は，国際的な合意のもとに帯域に分割されて呼ばれている．電波自身としては，波長，強度，偏波のほかに，後の(i)で述べるように，電離層（大気上層の電離圏にある電子とイオンが多く存在する層）や人工建物，自動車，人体，降雨，霧などの影響を受ける．このような電波を取り巻く環境要因の影響は，周波数ごとに異なる．このことより，周波数帯によって電波の伝わり方が特徴づけられる．

また，図1・10のように，通信では速度に直接関係する，搬送波の変調で占める周波数の範囲を表す占有帯域幅（占有周波数帯幅または帯域幅ともいう）が必要である．上限周波数と下限周波数の算術平均（相加平均または相乗平均）で表される中心周波数に対する占有帯域幅の比（比帯域）を確保できる周波数の選定も重要である．比帯域が同じ値のとき，周波数が高くなるほど使える占有帯域幅は広く

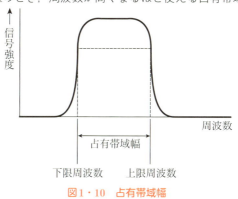

図1・10　占有帯域幅

なり，伝送可能な情報量が大きくなるため，中心周波数が高ければ，より広帯域の占有帯域幅を確保でき，高速通信が可能になる．

⑤ 周波数との関係では，周波数が高いほど
・高速な通信が可能
・電波の減衰が大きくなるため同じ送信出力に対して通信距離が短い
・直進性が強くなり回り込みによる通信では届きにくい（後述，図1・13）
・アンテナを小さくできる

以上の電波の性質と周波数の関係についてさらに詳しく説明する．

(i) 周波数と電波伝搬

ラジオ放送で用いられる30 MHz以下（長波，中波，短波．後の(ii)で説明．）の周波数の電波伝搬に重要な役割を果たす電離層，および電離層の影響をほとんど受けず，ほとんどの無線通信で利用されている30 MHz以上の周波数の電波に対して影響を与える反射，回折，散乱，マルチパス伝搬について説明する．

(1) 電離層の役割

大気上空には気体の分子や原子が太陽からの紫外線を受けて電離し，多数の自由電子が集まっている電離層がある．電子密度は高度に応じて連続的に変化する．存在する電子やイオンの密度が下がれば大気の屈折率は小さくなるが，電波は電子密度の大きな変化によって生じる屈折のために，ここで徐々に下方に曲げられ地上に戻ってくる．電波は電離層に反射するというよりも屈折して伝搬するような振る舞いをする．地上からの高度により大気の組成が異なるために，電離層は図1・11，表1・3に示すようなD層，E層，F層に分かれる．

1.3 電波の性質

図 1・11　電離層

表 1・3　電離層の各層の性質

		高度	電子密度（1 cm² 当たり）
F層	F2層	220 – 800 m	昼間：10^5 夜間：10^6
	F1層	150 – 220 m	昼間：2×10^5 夜間は消滅
E層		90 – 130 m	$10^3 - 10^5$
D層		60 – 90 m	$10^2 - 10^3$

電離層では，太陽に近い上層に行くほど電子密度は高くなる．夜間は太陽からの宇宙線が届かないため，下層では電子密度は小さくなる．夜間には太陽から飛来する光や粒子が地球の裏側には当たらないことから，最下層のD層は消滅し，またF1層とF2層も合体しF層となる．電子密度が大きくなるほど高い周波数の電波も屈折されるようになる．

D層では中波帯（300 kHz～3 MHz）の電波を吸収する性質があるが，夜間は存在しないため，夜間の中波放送がD層で吸収されず

にE層で反射され，遠方まで聞こえる．E層は，昼夜季節によりほとんど変化しない．太陽の紫外線の影響を直接受け中波帯の電波を反射する．F層では電子密度に応じて電波が屈折される．

また，電離層の状態は，太陽の紫外線の強度に影響されるため，日周変化，季節変化，地理的変化を生じる．

(2) 電波伝搬の特性

前述のように，30 MHz以上の周波数の電波は，反射，遮へい，回折，散乱などの影響を受ける．

電波が異なる媒体に入射すると，一部は反射して元の媒質中を伝搬し，残りは屈折してもう一方の媒質中を伝搬する．入射した電波が平面波の場合，ホイヘンス（Huygens, C）の原理より，図1・12のように，境界面の法線と入射電波との入射角と，法線と反射電波との間の反射角は等しくなる．反射の法則と呼ばれる．

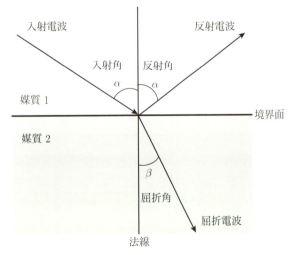

図1・12 電波の反射と屈折

1.3 電波の性質

電波の進行中に遮へい物があっても，陰の部分へ電波が回り込む．この現象を回折と呼ぶ．回折現象は，電波の直進性しか考えない幾何光学では説明できず，図1・13のように，波長の先端から新しい方向に向かう小規模な波長が繰り返し発生することによって生じる．すなわち，壁の縁から電波が再放射されることで起きるとされている．

電波の直進性と回り込みは，電波の届きやすさに関係する．図1・13より，波長が長い（周波数が低い）波ほどよく回折する，すなわち波長が短い（周波数が高い）ほど直進性が高い．ビルの陰などの電波の届きにくい場所で，テレビ電波は届かないのにAMラジオ電波は入るということがあるのは，テレビ電波よりAMラジオ電波の方が波長が長く周波数が低いからである．携帯電話の電波は，周波数が主に800 MHzや2 GHzのものが使われているが，2 GHz（波長は約15 cm）より800 MHz（波長は約38 cm）の方がビル内部の奥までよく届く．

また，空間中に異なる媒質があり，この媒質に電波が入射すると物体に誘導電流が流れ，誘導電流によって電波が再放射される．物

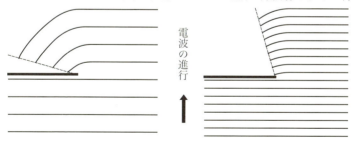

(a) 波長が長い（周波数が低い）場合　　(b) 波長が短い（周波数が高い）場合

図1・13　電波の回折

体の形状によって再放射される電波の方向や強度は異なるが，このような再放射現象を総称して散乱と呼ぶ．

(3) マルチパス伝搬

実際の無線通信環境において，屋外の基地局から放射された電波はあらゆる方向に放射され，図1・14のように，ビルや地面，山からの反射，回折，散乱などによって多くの経路を経て到達する．受信アンテナでは，直接波とこれらの電波が重なった多重波が受信される．この多重波の空間的な干渉により，受信強度（電力）は受信アンテナの移動とともに大きく変わる．一般に受信信号の振幅や位相が変動する現象をフェージング（fading）と呼び，多重波によるフェージングを特にマルチパスフェージング（multipath fading，多重経路フェージング）と呼ぶ．

受信アンテナで受信される直接波とマルチパス間の電波伝搬時間のずれによって生じる位相差により，その受信強度が決まる．位相が同相であれば信号は強め合うが，位相差が逆相では弱め合う．移動通信では，直接波もマルチパスも時々刻々変化するため，受信強

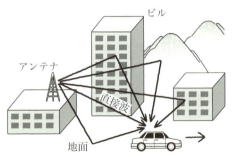

マルチパスフェージングにより電波の強弱が生じ，通過時にフェージングが生じる

図1・14　マルチパスフェージング

度も時間とともに変化する．

　無線通信の受信側では，復調器に，マルチパスフェージングに追従して振幅や位相を元に戻すしくみが備えられている．それでもフェージングの速度に受信機が十分に追従できないときには，伝送誤りが増加して，通信品質の劣化や通信の切断が生じることがある．このように携帯電話やスマートフォンに代表される移動通信においては，マルチパスフェージングに対する対策が重要となる．

(ⅱ) 周波数別の用途

　電波の周波数帯の呼称は図1・15のように，主に波長に基づいてつけられている．表1・4に各周波数帯の特徴と主な用途を示す．

　電波の中には，産業や医療のために無線局を免許不要で使用できる周波数帯があり，ISM（Industrial, Scientific and Medical）バンドと呼ばれる．ISMバンドの周波数として，900 MHz付近，2.4

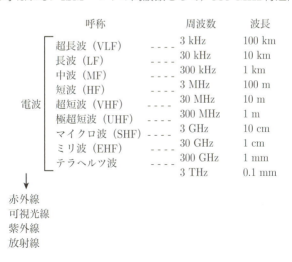

図1・15　電波の分類

表1・4 周波数帯の特徴と用途

呼称	周波数	特徴	主な用途
超長波 (VLF)	3 kHz〜30 kHz	・波長が長いため大きなアンテナが必要となる ・電波が電離層に反射され,また地上でも反射されるため,大きな導波路(電波を所望の方向に低損失で導くための空間的な構造)を形成する	通信帯域幅をあまり必要としない長距離通信,電波航法
長波 (LF)	30 kHz〜300 kHz	・電波は主に地表に沿って伝搬するため,電波伝搬は地球の平面形状に依存する	長距離通信,電波航法,航行用ビーコン,気象通報に加え,電離層変動によるドップラー効果の影響を受けにくいため,標準電波など
中波 (MF)	300 kHz〜3 MHz	・電波は地表に沿って伝搬する.長波に比べて減衰が大きいが,通信帯域を広く確保できる. ・夜間には,電離層のD層からの反射が生じることがあり,地表波と電離層反射波との干渉によって,数十秒の電波強度変動が起こることがある	AMラジオ放送,航空や海上の電波航法,船舶無線,漁業無線,印刷電信,海上保安,ラジオ・ブイ電波航法
短波 (HF)	3 MHz〜30 MHz	・電波は地表に沿って伝わることもあるが,しばしば電離層による伝搬が支配的になる.電離層のD層,E層,F層による単一または複数回の反射により,少ない送信電力で遠くまで伝わる ・電離層には日変動や季節変動,場所変動があるため,商業通信としては使いにくい	短波放送,船舶無線,航空無線,国際通信,警察,海上保安,印刷電信,非接触ICカード(NFCなどの短距離無線),アマチュア無線,市民ラジオ,PLC

1.3 電波の性質

超短波 (VHF)	30 MHz〜300 MHz	・電離層による反射がほとんどないため，電波の伝搬は直接波，地面反射波，回折波，散乱波によるものが中心である ・波長が数m程度であるため，建物，人体，車両などがこの周波数帯の電波伝搬に影響を及ぼすことがある ・地上から数十波長離した柱に設置できるほどアンテナを小形にできる	FM放送，テレビ放送，公共無線，漁業無線，航空管制通信，コードレス電話，テレメータ，ポケットベル，アマチュア無線
極超短波 (UHF)	300 MHz〜3 GHz	・電波の伝わり方はVHFと同様であるが，中心周波数が高い分使用可能な帯域が広くなる ・回折波の存在により建物の陰などでも電波が届くため，移動通信にも適している	テレビ放送，携帯電話，コードレス電話，自動車電話，防災行政無線，タクシー無線，列車・新幹線無線，無線LAN，Bluetooth，電子レンジ，センサネットワーク，特定小電力無線，RFID，航空機無線電話，レーダ，電波天文，衛星通信，気象衛星
マイクロ波 (SHF)	3 GHz〜300 GHz	・VHF，UHFと同様に直接波，地面反射波により電波が伝搬するが，回折による回り込みが小さくなる ・マイクロ波は必ずしも正確な呼称ではなく，センチ波と呼ばれることもある	ETC，携帯電話，加入者無線，無線LAN，2地点間での地上通信，マイクロ波無線，レーダ，電波高度計，スピードメータ，衛星通信，衛星放送，電波天文，FWA，UWB，宇宙研究

ミリ波 (EHF)	30 GHz 〜300 GHz	・直接波による電波伝搬が主体であるが，なめらかな地面や水面が存在するときには，それらの反射波の電波強度は変動無視できない ・SHF以下の周波数に比べて広い帯域幅を確保できるため，高品質画像転送や大容量データ伝送が可能となる	高速近距離通信，無線LAN，レーダ，衛星通信，電波天文，FWA，宇宙研究
テラヘルツ波	300 GHz 〜3 THz	・光に近い性質をもった電波，この周波数を安定して発生，検出するデバイス開発などの課題が多く，本格的な実用化は2020年以降である ・サブミリ波と呼ばれることもある	電波天文，非破壊検査，計測（プラズマ診断など），2015年以降の動きとして，将来のデータセンタ内のサーバ間ケーブルの代替，近距離における4K/8K映像通信などについても検討

NFC：Near Field Communication
PLC：Power Line Communication（電力線通信）
RFID：Radio Frequency Identification
ETC：Electronic Toll Collection（自動料金徴収システム）
FWA：Fixed Wireless Access（固定無線アクセス）
UWB：Ultra WideBand

GHz付近，5.8 GHz付近が割り当てられている．2.4 GHz付近には，電子レンジや無線LAN（IEEE 802.11b，802.11g，802.11n），コードレス電話，無線ヘッドフォン，無線マウス・キーボード，Bluetoothなど，5.8 GHz付近には，ETCなどの種々の無線システムが共存しているため，電波干渉による混信が起きやすい．

1.4　無線通信の種類

　無線通信を電波の性質，すなわち技術の視点からは周波数（呼称

1.4 無線通信の種類

は波長）によって分類すると全体を把握しやすい．一方，遠方への一斉同報の放送を除く無線通信では，実際の利用場面，すなわち応用の視点からは通信距離で分類するのが一般的である．これは，1.2で述べたように，1990年代末の無線LANの利用開始以降，さまざまな距離に応じて各種機能を提供する無線ネットワークが次々に開発されてきたことによる．

図1・16のように，無線ネットワークは，その通信距離に応じて，携帯電話網に対応する広域の無線WAN，数km四方をカバーする無線MAN，従来，有線では構内網と呼ばれてきた無線LAN，人間一人が自身の直接的な活動を示す範囲といわれる数十m四方をカバーする無線PAN，無線PANと同等かそれ以下の短距離無線に

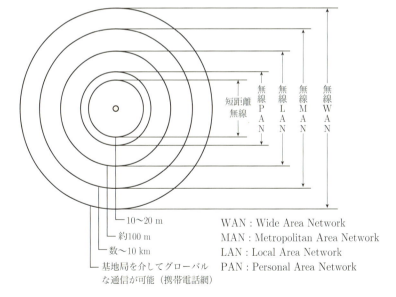

図1・16　通信距離による無線ネットワークの分類

分けることができる.

　無線WAN以外は,ネットワークが無線のみによって構成されるのに対し,無線WANは基地局間のネットワークが主として有線によって構成され,無線通信部分はほぼ基地局と携帯端末間のみである.有線と無線を連携させた形でネットワーク全体を無線WANと呼んでいる.無線LAN,無線PAN,短距離無線が民間の自営によるネットワークであるのに対し,無線WAN,無線MANは,通信事業者が提供する公衆網である.

　また,無線PANと短距離無線とは,通信距離による明確な区別はないが,無線PANがネットワークに接続された3以上のノード間で通信が可能であるのに対し,短距離無線は通信といっても1対1のみとされている.

　各ネットワークの仕様,標準化動向,用途などについては3編で詳しく述べる.

2 無線通信の基礎

2.1 無線通信の基礎

電波を使った無線通信では，伝送したい原信号となる電気信号をベースバンド信号と呼ぶ．ベースバンド信号が，映像や音声のようなアナログ信号であれ，文字データのように0と1のビットで表現されたディジタル信号であれ，ベースバンド信号をそのまま電波として放射し通信することはできない．そこで，ベースバンド信号をより高い周波数の波にのせる操作が施される．この操作が変調（modulation）であり，ベースバンド信号より高い信号を搬送波（キャリヤまたはキャリヤ信号）と呼ぶ．搬送波は正弦波である．ベースバンド信号と搬送波の関係は，図2・1に示すように，荷物と車両の

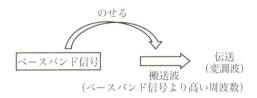

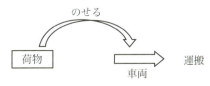

図2・1　変調のイメージ

関係に似ている．

受信側では，搬送波から元のベースバンド信号を取り出す．この操作を復調（demodulation）と呼ぶ．復調は検波（detection）とも呼ぶ．簡略化したいい方をすれば，電波という媒体に情報をのせることを変調，変調された電波から元の情報を抽出することを復調と呼ぶ．搬送波を変調するという表現や，変調することを搬送波に情報をのせるという表現（搬送波をキャリヤと名づけた理由である）も使われる．伝送される電波を変調波，被変調波または変調信号と呼ぶことがある．

図2・2に無線通信の通信路のモデルを示す．通信路のモデルにおいて，アンテナは送信機からの高周波電力を効率よく電波のエネルギーに変換して空間に放射し，逆に空間の電波エネルギーを効率よく受けて受信機に伝送する．

以下，2.2で通信路のモデルに基づき，無線通信において最も中心的な役割を果たす変調方式について述べる．2.3以降では，変調，

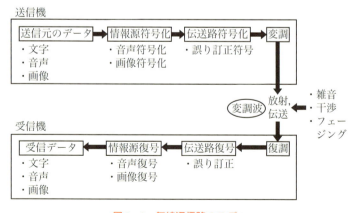

図2・2　無線通信路のモデル

復調とも関連し，携帯電話端末などの移動体による通信も含め無線通信の伝送効率や品質を向上させたり，伝送容量を増大したりする上で重要となる主要技術について説明する．

2.2　変調方式

　変調方式には，大きくアナログ変調とディジタル変調があり，ベースバンド信号がアナログ波形の場合はアナログ変調，ディジタル波形の場合はディジタル変調と呼ぶ．アナログ変調は連続的に行われる，いい換えれば時間変化に対してさまざまな振幅レベルを有するアナログ情報を搬送波にのせる．ディジタル変調では0と1に対応した振幅，周波数，位相の状態が決められ，不連続的にこの二つの状態を変化させる，いい換えればディジタル変調ではアナログ情報を1と0という二つの値に量子化し，時間変化に対して2値の情報を搬送波にのせる．量子化とは，アナログ信号などの連続量を整数などの離散値で近似的に表現することである．

　近年はアナログ変調に比べてディジタル変調が広く用いられているが，これは以下の理由による．

① 　雑音に強い．すなわち，ディジタル変調においては，0と1の2値情報は，伝送の途中で雑音が混入しても情報自体が2値しかないため，受信機で雑音を容易に除去できる．上記のように，ディジタル変調では，復調後のベースバンド波形を一定間隔ごとにサンプリングして，その電圧を一定の閾値レベル（判別値）と比較し，その大小によってそれが1か0かを判定して復調出力する．判定に誤りがなければベースバンド信号が完全に再生され，雑音が付加することはない．判定に誤りが生じても，図2・2に示すように，誤り訂正機能を付加することにより，ベースバンド信号を復元す

ることも可能である．これが雑音に強い理由である．
② 伝送したい情報をディジタル化することにより，通信路の品質が一定以上であれば情報の劣化がほとんど起こらない．
③ 情報通信機器は，主にコンピュータ等のディジタル機器に接続され，これらの機器との相互接続性がよい．
④ 2値のディジタル情報であることにより，誤り訂正，情報の圧縮，多重化，暗号化などのディジタル信号処理が可能である．ディジタル信号処理の利点として，情報の劣化が少ないことにより処理の信頼性が高い，高集積化による小形化が可能で大量生産が可能，複雑な処理が可能，適応処理のように処理形態の柔軟性が高い，雑音が量子化雑音のみで長時間のデータ記憶が可能，などが挙げられる．

しかし，ディジタル変調では，回路が複雑になり，1編で述べた占有帯域幅もアナログ変調に比べて広く必要となるという欠点がある．例えば，アナログ電話信号は約4 kHzの帯域を占有するが，これを後述するDSBの振幅変調で送ると8 kHz，周波数変調でも高々約24 kHzで十分な音質が得られる．一方，ディジタル変調ではサンプリング周波数8 kHzで64 kbps（bit per second）のビットレートとなり，アナログ信号の16倍の帯域幅を必要とする．したがって，使用できる周波数資源に限りがある無線通信においては，周波数の有効利用は重要な課題であり，後述するQAM（直交振幅変調）などの多値変復調はこの課題解決を目的とする技術である．

(i) 変調のしくみ

変調のしくみを音声通信を例にとって説明する．

図2・3にアナログ音声通信の概要を示す．アナログ音声通信では音声（アナログ情報）をマイクロフォンで電気信号（アナログ・ベー

2.2 変調方式

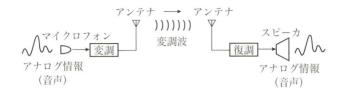

図2・3 アナログ音声通信

スバンド信号）に変換し，その信号で搬送波に変調をかけ，送信機からアンテナを通して空間に情報をのせた変調波（搬送波を変調している電波）を送出する．その変調波を，離れた場所に設置されたアンテナで受け，受信機の中でアナログ・ベースバンド情報を抽出する復調を行い，音声を再生する．

図2・4にディジタル音声通信の概要を示す．ディジタル音声通信では，送信側はアナログ情報をディジタル情報に量子化するコーダ（符号器）を，受信側は復調した2値のディジタル情報をアナログ情報に戻すデコーダ（復号器）をアナログ音声通信機器に付加する．

図2・5に量子化の原理を示す．量子化では，まずさまざまな振幅幅を有するアナログ信号を，一定時間間隔（サンプリング周期）で

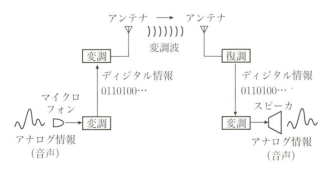

図2・4 ディジタル音声通信

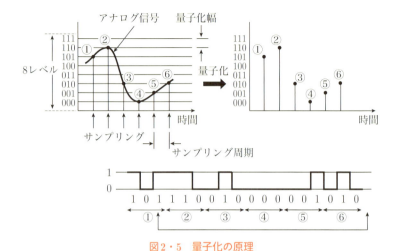

図2・5 量子化の原理

その振幅を読み取り,分類する.この例では一つの事例として8段階のレベルに分類する.8（$= 2^3$）段階の値は2進数3桁（3ビット）で表現でき,アナログ情報をこの3ビットに変換することを量子化という.図2・5のアナログ信号は,①のサンプリング時には[101],②のサンプリング時には[110],③のサンプリング時には[010],④のサンプリング時には[000],⑤のサンプリング時には[001],⑥のサンプリング時には[010],…のように3ビットディジタル信号に量子化できる.この量子化した信号を順番に [101 110 010 000 001 010…] と並べて送信機からディジタル情報として送出し,受信機では3ビットごとにディジタル情報を区切り,その3ビット情報からサンプリング周波数（サンプリング周期の逆数）ごとのアナログ情報の振幅を知り,この振幅幅をつなぎ合わせて元の連続的なアナログ情報を再生する.

アナログ情報を量子化してそこから元のアナログ情報を再生した

い場合，送信側のサンプリング周波数をアナログ情報の最大周波数の2倍以上に設定すれば，受信側ではサンプリングした量子化情報から元のアナログ情報を再生することができる．例えば，周波数帯域が0〜3 kHzのアナログ音声情報はサンプリング周波数6 kHz以上で量子化すると，量子化したディジタル情報から元のアナログ音声情報を再生することができる．

ベースバンド信号がアナログ波形，ディジタル波形のいずれの場合も搬送波を変調する操作とは，式(1)に示す三角関数で表される正弦搬送波の波動方程式の中の，振幅，周波数，位相のいずれかの状態を変化させることである．すなわち，これらの三つのパラメータのいずれかをベースバンド信号で変化させることにより，搬送波に情報をのせることが可能になる．

$$c(t) = A \cos(\omega t + \theta) \tag{1}$$

式(1)において，Aは振幅，ωは角周波数，θは位相を表す．この波の周波数をfとすると，$\omega = 2\pi f$が成り立つ．これらの関係を図2・6に示す．

アナログ変調において，式(1)における変化させるパラメータに対応して，AM（Amplitude Modulation，振幅変調），FM（Frequency Modulation，周波数変調），PM（Phase Modulation，位相変調）の三

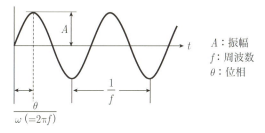

図2・6 振幅，周波数（周期の逆数），位相の関係

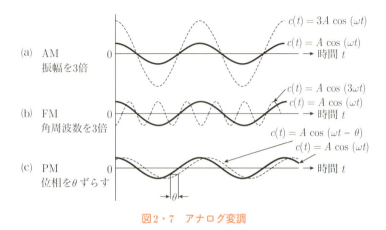

図2・7　アナログ変調

つの変調方式がある．図2・7の例に示すように，時間変化に対して，A（振幅）にアナログ情報で変調を行うのがAM，ω（角周波数）にアナログ情報で変調を行うのがFM，θ（位相）にアナログ上で変調を行うのがPMである．

ディジタル変調において，式(1)における変化させるパラメータに対応して，ASK（Amplitude Shift Keying，振幅変調），FSK（Frequency Shift Keying，周波数変調），PSK（Phase Shift Keying，位相変調），QAM（Quadrature Amplitude Modulation，直交振幅変調），OFDM（Orthogonal Frequency Division Multiplexing，直交周波数分割多重）などの変調方式がある．ディジタル変調では，Shiftを偏移と訳し，ASK，FSK，PSKをそれぞれ振幅偏移変調，周波偏移変調，位相偏移変調と記すこともある．

図2・8に示す時間変化に対する振幅変化のように，Aに2値の情報で変調を行うのがASK，ωに2値の情報で変調を行うのがFSK，θに2値の情報で変調を行うのがPSKである．ディジタル

2.2 変調方式

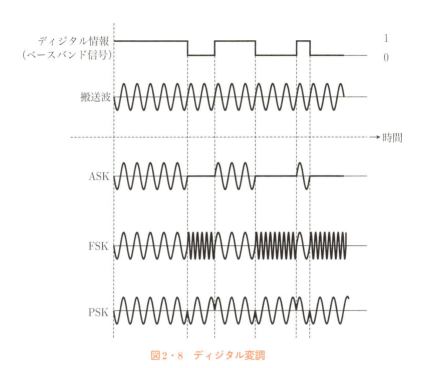

図2・8 ディジタル変調

変調では，ベースバンド信号が0，1の2値で表現され，この値に応じて変調された信号が得られる．

表2・1にアナログ，ディジタルの3変調方式の主な利用例を示す．また，本編で述べる変調を一次変調と呼ぶ場合がある．これは，3編で述べる多元アクセス方式，多重化方式を一次変調と区別して二次変調と呼ぶことがあるためである．

OFDMは，近年特に高速な無線通信で多く利用され，ASK，FSK，PSKとは変調の原理が異なり，複数の搬送波で通信を行う方式で，多重化（3編）の機能も含む．

表2・1 変調方式の種類と主な利用例

変調方式	アナログ変調方式	ディジタル変調方式
振幅変調	AM（AMラジオ放送，短波放送，アナログテレビ，船舶通信，航空無線，航空機洋上管制，アマチュア無線）	ASK（ETC，電波時計で利用される長波帯標準電波局JJY）
周波数変調	FM（FMラジオ放送，コミュニティ放送，消防無線，コードレス電話，テレビ音声，ワイヤレスマイク）	FSK（Bluetooth，ディジタルコードレス電話，欧州携帯電話GSM，FM文字多重放送，業務用無線）
位相変調	PM	PSK（国内携帯電話PDC，PHS，CSディジタル放送，無線LAN）

(ii) アナログ変調

(1) AM

(a) AMの基本概念

入力アナログ信号（ベースバンド信号）を，搬送波の振幅方向の強弱を利用して伝送する方式である．古くから音声放送，音声通信の基本方式として多くのAMシステムが存在する．

位相を扱うことはないため，図2・9のように正弦搬送波を $c(t) = A\cos(\omega_c t)$ で表したとき，その正弦波の振幅を図2・10のように，AMではベースバンド信号 $g(t)$ に合わせて上下に変化させる．

$$s(t) = [1 + mg(t)]c(t) = A[1 + mg(t)]\cos(\omega_c t) \quad (2)$$

m は変調度であり，ベースバンド信号が搬送波に与える影響度合

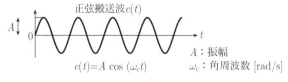

図2・9　正弦搬送波

2.2 変調方式

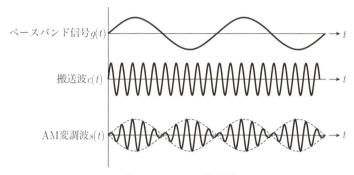

図 2・10 AM の概念図

いを示す．

(b) AM の性質

図 2・10 のように，ベースバンド信号と搬送波の二つの成分をかけ合わせたものが AM 変調波となる．図 2・10 の AM 信号の振幅の大きさは，ベースバンド信号の時間変化に合わせてあり，図中破線で示した $s(t)$ の振幅カーブ（包絡線）は $g(t)$ と同等になっている．これを周波数軸で見ると図 2・11 のようになっている．送りたい音声信号は，そのままでは非常に低い周波数成分（数 kHz～数十 kHz 以内）しかもっていない．

一方，ベースバンド信号に比べ，搬送波の周波数ははるかに高い．例えば，AM ラジオ放送では 1 000 倍程度である．さらに，そのままでは周波数軸上での幅の小さい信号である．

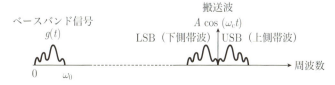

図 2・11 周波数表現した AM 変調波

AMには，以下のようにSSB（Single Side Band，単側波帯），DSB（Double Side Band，両側波帯）で伝送する方式が代表的で，さらに単側波帯にはUSB（Upper Side Band，上側波帯）のみで伝送する方式と，LSB（Lower Side Band，下側波帯）のみで伝送する方式がある．

AM変調波は，図2・11に示すように，搬送波をはさんで左右対称の形となる．この左右の成分は，ベースバンド信号と同じものであり，左側は同等，右側は周波数軸上で反転した成分をもっている．この左右の成分は，それぞれUSB，LSBと呼ばれる．

これらの信号の関係を数式を用いて調べる．ベースバンド信号が $g(t) = A\cos(\omega_0 t)$，搬送波が $c(t) = A\cos(\omega_c t)$ の場合，一般に $\omega_c \gg \omega_0$ であり，AM変調波を $s(t)$ とすると，$s(t)$ は次式で表現され，展開すると図2・12のように三つの成分に分解できる．

$$\begin{aligned}
c(t) &= A[1 + mg(t)]\cos(\omega_c t) \\
&= A\cos(\omega_c t) + Am\cos(\omega_0 t)\cos(\omega_c t) \\
&= A\cos(\omega_c t) + \frac{mA}{2}\cos(\omega_c + \omega_0)t \\
&\quad + \frac{mA}{2}\cos(\omega_c - \omega_0)t
\end{aligned} \tag{3}$$

ここで，A は振幅にかかわる固定的な係数とし，$g(t)$ の絶対値の最大値が1以内の場合とする．このように式の変形においても，

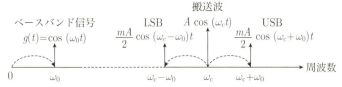

図2・12　周波数表現したAM変調波の三つの成分への分解

USBとLSBの成分を容易に導出することができる.

このような側波帯のみを用いる単側波帯も実用化されており, この場合, 図2・13のようにUSBのみまたはLSBのみで情報伝送を行う.

式(3)は主に, 短波帯 (HF, 3～30 MHz) での船舶, 航空, アマチュア無線通信などに用いられている. 搬送波が存在しないため, 復調時に受信機で搬送波成分を付加する必要があるものの, 送信時には搬送波用の電力が不要なため, 送信電力の効率がよい. このように, SSBはエネルギー効率がよく, 同じ距離までの通信であれば少ない電力の送信機で通信可能である. また, 選択性フェージング (特定周波数の電波の強さが低下し, 通信品質が劣化するフェージング) の影響を受けにくく, 同時に占有周波数帯域が狭くてすむ. DSBは通常のAMと類似しているが, 不要な搬送波がないため, 図2・14のようにSSB同様エネルギー効率がよい.

AMの利点は, 送信機や受信機の回路を比較的簡単に構成でき,

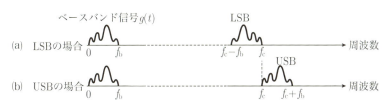

図2・13　SSB方式

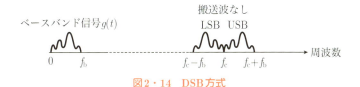

図2・14　DSB方式

このため小形化や低コスト化が容易である．一方，AMでは，正弦搬送波の振幅の変動がそのまま復調されるため，雷やパルス性の雑音（ノイズ）などが加わった際にそれらをすべて復調する．この復調によって，雑音もよく聞こえてしまう．例えば，自動車に乗っているときにAMラジオ放送を聴いていると，雷の音やバイクが側を通る際の音が聞こえる．このように，AMは，雑音に弱く，高い音質が得にくい欠点があるが，ある程度雑音がのっても，情報の内容を聞き分けるのは容易である．

(2) FM

(a) FMの基本概念

FMでは，搬送波の周波数に対して変調が行われる．図2・15のように，送りたいベースバンド信号に応じて，周波数そのものを変化させることで情報を伝達する．

周波数が高くなると，一定時間内に存在する波の数が増え，波の存在する時間軸上の密度が上がる．逆に，周波数が低くなると，一定時間内の波の数が減り，波の密度は疎となる．したがって，周波数を図2・15(b)のように変化させた場合，搬送波は図2・15(c)のよ

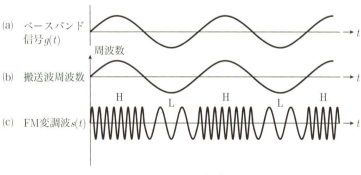

図2・15　FMの概念図

うに変化する．ベースバンド信号に応じて，波の数の多い密な部分と少ない疎な部分が存在することになる．

受信側では，周波数の高い部分では大きい振幅，周波数の低い部分では小さい振幅というように信号を作成することで，元のベースバンド信号を復元することができる．

(b) FMの性質

FM変調波は，

$$s(t) = A \cos \theta_i(t) \tag{4}$$

で与えられる．AMとの違いは，振幅に時間変化するものがない点である．逆にAMでは角周波数ベースのものであった $\theta_i(t)$ が，時間変化を含めた関数になっている．

関数 $\theta_i(t)$ がある一定の角周波数の場合，図2・16のように線形増加する．この場合の角度の増え方は，角周波数が 2π [rad/s] であれば，1秒間に1回転の角度を与えることになる．4π で2回転，6π で3回転する角度をそれぞれ与えることになる．逆に，各角周波数は角度関数の傾きに相当する．すなわち，角度関数を微分すると各角周波数が得られる．

以上は角周波数が定数の場合であるが，角周波数が時間変化する場合は，図2・17のように少し複雑になる．ただし，角周波数は角

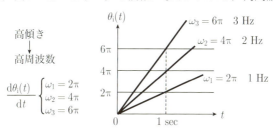

図2・16　FMにおける $\theta_i(t)$

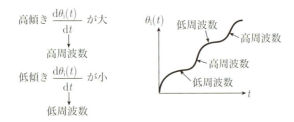

図2・17 FMにおいて角周波数が時間変化する場合の$\theta_i(t)$

度関数の傾きに相当するため,各時刻において角度関数を微分した値は,その時刻の角周波数となる.このように,角度関数の増加のしかたが線形増加でない場合は,各時刻における周波数が異なり,その瞬時の周波数を得るためには,角度関数を微分する必要がある.

FMの概念は,周波数の変動がベースバンド信号の変動と比例していることを基本としているため,その関係は,

$$\theta_i(t) = \omega_c + \phi[t,\ g(t)] \tag{5}$$

となる.ここで,$\theta_i(t)$は瞬時位相であり,ベースバンド信号により時間的な変化を与える関係を示している.瞬時位相を微分すると各時刻ごとの角周波数を与えることより,

$$\frac{d\theta_i(t)}{dt} = \omega_i(t) \tag{6}$$

で瞬時角周波数を定義できる.

$\omega_i(t)$は式(6)より,

$$\begin{aligned}\omega_i(t) &= \omega_c + \frac{(d\phi[t,\ g(t)])}{dt} \\ &= \omega_c + k_f g(t)\end{aligned} \tag{7}$$

が得られる.k_fはベースバンド信号が搬送波の周波数に与える影響を示し,AMにおける変調度に対応する.式(7)から逆算して$\theta_i(t)$

2.2 変調方式

は $\omega_i(t)$ の積分形式で表現でき,

$$\begin{aligned}\theta_i(t) &= \int \omega_i(t)\mathrm{d}t \\ &= \omega_c + \int \phi[t,\ g(t)]\mathrm{d}t \\ &= \omega_c + k_f \int_{-\infty}^{t} g(\tau)\,\mathrm{d}\tau \end{aligned} \tag{8}$$

となる.最終的にFM変調波は,

$$s_i(t) = A\,\cos\!\left[\omega_i(t) + k_f \int_{-\infty}^{t} g(\tau)\,\mathrm{d}\tau\right] \tag{9}$$

で表現できる.

FMはAMと同様,主として音声放送,音声通信利用されるが,AMに比べて,音質がよい,雑音に強い,フェージングなどの影響を受けにくい,などが挙げられる.これは,FMでは,ベースバンド信号にしたがって周波数を変える,すなわちベースバンド信号の変化を波の数に対応させる方式であるため,振幅方向に情報をもたないことによる.このため,雑音が加わってもそのまま音には反映されない.AMラジオ放送で聞こえるさまざまな雑音はFMラジオ放送ではそれほど感じられない.

(3) PM

図2・18に,PM変調の概要を示す.PMは,搬送波

$$c(t) = A\,\cos\,(2\pi f_c t + \theta(t)) \tag{10}$$

の位相 $\theta(t)$ の変化に直接ベースバンド信号 $m(t)$ をのせるものである.すなわち,

$$\theta(t) = km(t) \tag{11}$$

ただし,k は比例定数である.周波数と位相の関係は,

$$f(t) = \left(\frac{1}{2\pi}\right) \mathrm{d}\theta(t)\,/\,\mathrm{d}t \tag{12}$$

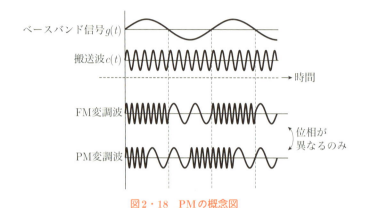

図 2・18　PMの概念図

で表されるから，位相 $\theta(t)$ を変化させると周波数 $f(t)$ も変化し，PMはFMの一種と見なせる．位相と周波数の関係を図2・19に示す．すなわち，位相と周波数は微分と積分という線形操作で結ばれているだけであり，PMは本質的にFMと変わらない．

そこで，式(12)の角度 $\theta(t)$ を変化させる意味から，FMとPMを合わせて角度変調 (Angle Modulation) と呼ぶ．PM変調信号の発生は，搬送波の位相を直接変化させるか，ベースバンド信号を一度時間微分してから周波数変調をかけることによって行える．

しかし，アナログ・ベースバンド信号 $m(t)$ によるPMは，現実にはほとんど用いられず，主にディジタル位相変調PSKのみが利用されている．

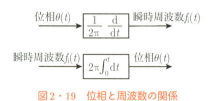

図 2・19　位相と周波数の関係

（ⅲ）ディジタル変調

⑴ ASK

ASKの概要を図2・20に示す．搬送波の振幅をベースバンド信号の入力ディジタル情報に対応して変化する．すなわち，搬送波を送ったり送らなかったりすることで情報を伝送する．このように簡易な方式であることから，OOK（On Off Keying）とも呼ばれる．式(13)のように，ASKでは，搬送波$\cos \omega_c t$にベースバンド信号のディジタル情報$m(t)$を乗算することにより，ASK変調された信号$s(t)$を得る．

$$s(t) = m(t)\cos \omega_c t \tag{13}$$

ここで，$m(t)$は0または1の2値を表し，ディジタル情報に応じて空間に搬送波が有るか無いかのいずれかの状況をつくり出す．振幅に情報が含まれるため，復調では包絡線検波を用いることができる．しかし，ASKはフェージングの影響を受けやすい．実際の回路では，搬送波用高周波発信器出力をベースバンド信号と乗算する，図2・20におけるスイッチの部分を乗算器にすることにより実現できる．

ASKは短距離無線のNFC（Near Field Communication，近接型非接触ICカードの一種）やETCで利用されるDSRC（Dedicated Short range Communication）などに適用されている．

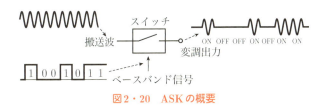

図2・20　ASKの概要

(2) FSK

FSKの概要を図2・21に示す．ベースバンド信号の0か1かによって搬送波の周波数をf_1, f_2に切り替える．FSK変調された信号は

$$s(t) = m(t)\cos(2\pi f_c)t \tag{14}$$

別の形で表すと，

$$s(t) = m(t)\cos(2\pi f_1)t + \overline{m(t)}\cos(2\pi f_2)t \tag{15}$$

ここで，

$m(t)$=1のとき，$\overline{m(t)}$=0

$m(t)$=0のとき，$\overline{m(t)}$=1

周波数の異なる搬送波をディジタル情報の2値によって切り替えたASKの変調信号の合成と考えてもよい．FSKでは，周波数の変化を情報として伝送するため，振幅には情報がない．したがって，FSKはレベル変動や雑音に強い．

FSKは無線PANのBluetoothなどで利用されている．

(3) PSK

主なPSKとして，BPSK（Binary Phase Shift Keying：2相位相変調），QPSK（Quadrature Phase Shift Keying：直交位相変調または4相位相変調）がある．

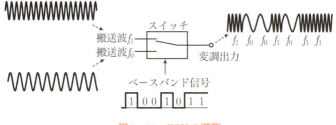

図2・21　FSKの概要

2.2 変調方式

(a) BPSK

PSKの概要を図2・22に示す．搬送波の位相をベースバンド信号のディジタル情報によって切り替える．正弦波の位相は0°〜360°しかないため，通常はベースバンド信号の0あるいは1の状態に合わせて0°と180°の位相を用いる．すなわち，PSK変調波は，

$$s(t) = \cos(\omega_c t + m(t)) \qquad m(t) = 0\ (0°),\ \pi\ (180°) \qquad (16)$$

である．しかし，$m(t)$ が π である場合，位相0である正弦波の+/−を反転したことととと同じであるから，

$$s(t) = m(t)\cos \omega_c t \qquad m(t) = \pm 1 \qquad (17)$$

式(17)，図2・23より，搬送波 $c(t)$ に2値のディジタル情報 $m(t) = +1$ を乗ずるか，$m(t) = -1$ を乗ずるかで，搬送波の位相を0°，180°に2相位相変調した信号 $s(t)$ が得られる．

式(17)はASKの信号と同じように見えるが，ASKでは $m(t)$ が0あるいは1の値をとる点が異なる．すなわち，位相の異なる同じ周

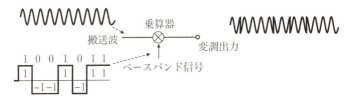

図2・22 PSKの概要

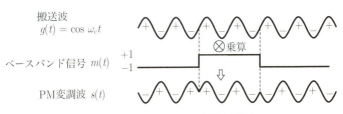

図2・23 PSKにおける乗算の様子

数の搬送波を，2値のディジタル情報によって切り替えたASKの変調合成と考えてよい．

PSKは一般に，周波数利用効率，電力ともにASK，FSKよりも優れ，同じC/N比（Carrier to Noise Ratio，搬送波対雑音比）に対する符号誤り率（Bit Error Rate）が小さい．さらに，FSKと同様に，包絡線が一定で振幅に情報がないため，レベル変動に強い．

表2・2に，ASK，FSK，BPSKにおけるベースバンド信号と変調信号の比較を示す．BPSKはASKに比べて情報量が少ない分送信電力が小さくてすむ．BPSKは無線LAN（IEEE 802.11b/a/g/n）などで利用されている．

(b) QPSK

BPSKが2値のPSK方式であるのに対し，QPSKは4値のPSK方式である．図2・24にBPSKとQPSKの信号点配置と位相遷移を示す．信号点配置とは，ディジタル変調によるデータ信号点を，波形の同相（In-phase，I-ch）成分と直交（Quadrature，Q-ch）成分の2次元の複素平面上に表現した図を表し，信号空間ダイアグラムや信号星座図，コンスタレーション・ダイアグラム（Constellation

表2・2 ディジタル変調方式の比較

ASK	ベースバンド信号の0，1に応じて電波の振幅を変化させる	
FSK	ベースバンド信号の0，1に応じて電波の周波数を変化させる	
BPSK	ベースバンド信号の1，−1に応じて電波の二つの位相（0°と180°）を変化させる	

2.2 変調方式

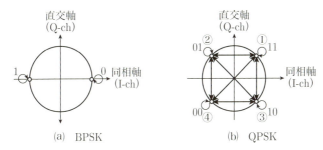

図2・24　BPSK，QPSKの信号点配置と位相遷移

Diagram)あるいは単にコンスタレーションとも呼ばれる．コンスタレーションは星座を意味し，変調の信号点が座標上に散りばめられている様子が星座に似ているので名付けられた．

QPSKでは，図2・24のように，位相が$\pi/2$（90°）ずつ異なる四つの状態を使用する．すなわち，①の位相$\pi/4$（45°），②の位相$3\pi/4$（45°），③の位相$-\pi/4$（-45°），④の位相$-3\pi/4$（-135°）の4種類の位相のいずれかに電波の位相を変化させる．四つの位相を使い分けることにより，4値（(1, 1)，(1, 0)，(0, 1)，(0, 0)）の情報を送ることができる．このように，QPSKはBPSKよりも雑音には少し弱いが2倍の情報量を送ることができる．

図2・25にQPSK変調器と各部の信号の構成例を示す．QPSKは，無線LAN（IEEE 802.11b/a/g/n）やWiMAX（IEEE 802.16）などで利用されている．

この図2・25のように，QPSKでは0と交わる場合があり，信号の振幅が大きくかつ周波数帯域が広がる．一方，同一シンボル（シンボルは，伝送すべき個々の符号を表し，2値変調ではビットと一致する．）が連続すると同一信号点に留まり，位相が遷移せず，タイミング再生が困難になるという問題が発生する．これを解決する方式が$\pi/4$

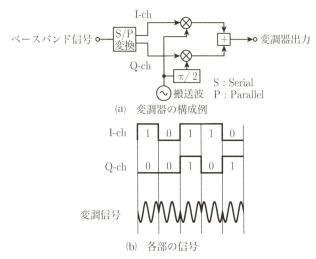

(a) 変調器の構成例

(b) 各部の信号

図2・25　QPSK変調器の構成例と各部の信号

シフト QPSK（π-fourth Shift QPSK）である．

π/4シフトQPSKでは，図2・26のように，信号が0と交わることを避けることで狭帯域化を図り，かつ同一シンボルが連続しても常にπ/4位相遷移するように信号点を変化させる．π/4シフトQPSKは，1993年にサービスが開始された第2世代携帯電話網

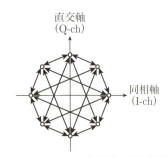

図2・26　π/4シフトQPSK変調波の信号点配置と位相遷移

2.2 変調方式

(PDC：Personal Digital Cellular) で採用され，DSRCにも適用されている．

(4) QAM

QAMはASKとPSKを融合した多値変調である．QAMでは，90°により互いに直角位相関係にある二つの搬送波を用い，さらに振幅と位相を変化させることで，より多くの情報を一つの搬送波で送ることができる．図2・27に，16QAM，64QAM，256QAMの信号点配置を示す．

一つの搬送波で多くのディジタル情報を伝送できることから高速通信が可能であるが，信号間の距離が短くなるため，BPSKやQPSKと同じ符号誤り率を得るためには高いC/N比が要求される．

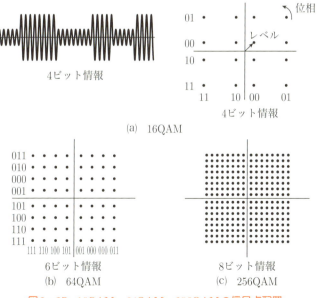

図2・27 16QAM，64QAM，256QAMの信号点配置

しかし，限られた帯域幅で効率よく情報を伝送する点で優れている．

QAMの一般形は，M-ary Quadrature Amplitude Modulation (MQAM)で表される．Mの値が大きいほど信号点が高密度になるため，雑音や波形の歪み，フェージングの影響を受けやすく判別誤りが生じやすくなる．このため一定の伝送品質が確保できなければ性能が出せない．判別誤りを抑えるため，パイロット信号（受信側で受信信号の減衰量や位相回転量などのチャネルを推定するために，送受信側であらかじめ定められたパターンの信号）を挿入してフェージングによる伝送特性の変動を補正したり，伝送路の状況に応じて変動方法を適応的に変化させる適応変調を用いたりする．なお，4QAMは，状態の数が4という意味でQPSKと等価である．

QAMの送信側回路はフーリエ変換が必要となる．送信側は0，1の羅列から信号点配置を作成し，それを逆フーリエ変換して正弦波（実相成分，Real）と余弦波（虚相成分，Imaginary）の係数を算出する．受信側は受信波形を正弦波と余弦波に分離し，その係数（振幅）から信号点配置を算出する．

フーリエ変換のように数学的操作をアナログ回路で実現するのは難しく，QAMの原理は知られていても長らく使われなかった．しかし，信号処理（DSP：Digital Signal Processor）技術の進展に伴い，高速，高集積半導体上で高速フーリエ変換が可能になった1990年代後半以降 QAM 変調は急速に普及した．表2・3にQAMの種類と対応するパラメータ，主な用途を示す．携帯電話網や無線LAN等での利用が代表的であるが，有線のCATVでも利用されている．大容量マイクロ波通信では11ビット情報伝送の2048QAMの実用化も進められている．

2.2 変調方式

表2・3 QAMの種類

名称	直交する正弦波それぞれにもたせる値の数	1シンボルにのせられる情報量	信号点の数	主な無線通信システム
16QAM	4	4ビット	16	第3.5世代携帯電話網HSPA，無線LAN IEEE 802.11a/g
64QAM	8	6ビット	64	第3.9世代携帯電話網LTE，IEEE 802.16e WiMAX，無線LAN IEEE 802.11n，CATV
256QAM	16	8ビット	256	第4世代携帯電話網LTE-Advanced，無線LAN IEEE 802.11ac，固定局間通信
1024QAM	32	10ビット	1024	大容量マイクロ波通信

HSPA：High Speed Packet Access
LTE：Long Term Evolution
WiMAX：Worldwide Interoperability for Microwave Access

(ⅳ) OFDM

OFDMは，マルチキャリヤ（多搬送波）変調方式の一つであり，都市空間のような複雑な伝送路を通過することにより発生するマルチパス妨害に強いという特徴がある．QPSKやCDMAはいずれもシングルキャリヤ（単搬送波）変調方式であり，低速な音声伝送のような場合は問題が少ないが，音声以上の高速伝送を行うためには，副搬送波（多数の搬送波を用意する場合に副搬送波またはサブキャリヤと呼ぶ）間にガードインターバル（伝送データが前後の時間のデータと互いに干渉しないようにするために付加する時間）を設けてマルチパスによって発生する隣接チャネル間の干渉を軽減する必要がある．

マルチキャリヤにおいて，複数のモデムを用意し，副搬送波の分

離にBPF（Band Pass Filter，必要な範囲の周波数のみを通し他の周波数は通さないフィルタ）を用いる方法もある．しかしこれでは，隣接副搬送波からの干渉を小さくするために搬送波を稠密に配置することができない．そこでOFDMでは，副搬送波間の干渉がないように，周波数間隔を信号周期の逆数にする．図2・28に，副搬送波が合成されたOFDMの周波数スペクトルを示す．OFDMの送信信号は多数のディジタル変調を加え合わせたもので，各副搬送波が互いに直交するように配置する．

　直交とは，互いに干渉しない，あるいは二つの信号間に相関がないことをいう．したがって，直交する二つの信号をそれぞれ変調し合成した信号は，復調過程において信号を独立して処理でき，元の情報信号が得られる．直交の定義は，式(18)で示される．二つの信号 $f(x)$，$g(x)$ を乗算した結果を積分すると0になる．

$$C = \int_a^b f(x) \cdot g(x)\,\mathrm{d}x = 0 \qquad (18)$$

FDMとOFDMの周波数スペクトルの比較を図2・29に示す．OFDMでは，副搬送波の周波数帯域は重なっているが，副搬送波が互いに直交しているため，受信側の復調処理においても容易に情

図2・28　OFDMの周波数スペクトル

2.2 変調方式

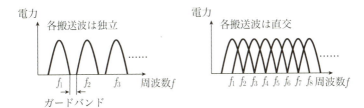

図2・29 FDM方式とOFDM方式

報信号を復調することができる．FDMでは，副搬送波間にガードバンド（伝送データが隣接する周波数のデータと互いに干渉しないようにするために空ける周波数帯域）を設けて互いに隣接するチャネルの干渉が起こらないように配置するが，OFDMでは副搬送波が直交しているためチャネル間干渉なしに副搬送波を密に配置でき，周波数利用効率に優れている．また，各搬送波のスペクトルの横軸上の点に次の副搬送波のピークが来るように配置されるため，信号が判別できる．

複数の副搬送波を使用するマルチキャリヤ変調方式のOFDMでは，情報信号のビット列は各副搬送波に分散されるため，1ビット1シンボル（シンボルは1回の変調で送られるディジタルデータのまとまり）のシングルキャリヤ変調方式と比較して，変調速度に対応するシンボルレートが副搬送波の数だけ遅くなる．このためマルチパス妨害に強くなるとともに，上記のようにガードインターバルを付加することにより，シンボル間干渉を少なくすることができる．このような特徴により，OFDMは妨害に強い．

しかし，実際の無線通信環境では，マルチパスや伝搬損失などによるフェージング現象が起こり，復調誤りが発生する．このため，誤り訂正技術と組み合わせる必要がある．副搬送波の変調方式は

QPSK，16QAM，64QAMなどである．OFDMの利点と欠点を表2・4にまとめて示す．

図2・30(a)，(b)に，OFDMにおける送信側と受信側での処理概要を示す．アナログ回路ではハードウェア規模が大きくなる，精度が低いなどの理由から，送信側，受信側いずれにおいてもディジタル処理を行う．

送信側では，情報信号を波形の同相成分 I と直交位相成分 Q にマッピングし，各チャネルのIQ信号をIDFT（Inverse Discrete Fourier Transform，離散逆フーリエ変換）することで，1シンボル区間の一次変調（上記のようにQPSK，16QAM，64QAMなど）の被変調波をつくる．この信号をD/A（Digital/Analog）変換し，ミキサで中間周波数に周波数変換してから，最終的に I と Q の信号を加算することによりOFDM波形が生成される．IDFTは非常に処理量が多く，実際にはIFFT（Inverse Fast Fourier Transform，逆高速フー

表2・4　OFDMの利点と欠点

利点	・複雑な等化器を用いずに劣悪な伝送路（チャネル）状況に簡単に適応可能 ・狭帯域伝送路干渉に対して強い ・マルチパス伝達による符号間干渉とフェージングに対して頑強 ・高い周波数利用効率 ・高速フーリエ変換（FFT）の使用による効率的な実装が可能 ・タイミング同期エラーに対して強い ・従来のFDMと異なり，調整されたサブチャネルレシーバーフィルタが必要ない ・シングル周波数ネットワーク（SFN），すなわち送信機のマクロダイバシティが容易に実現できる
欠点	・ドップラー偏移に影響されやすい ・周波数同期問題に影響されやすい ・ピーク対平均電力（PAPR：Peak to Average Power Ratio）が高いため，高価な送信機回路を必要とする割には出力効率が悪い

2.2 変調方式

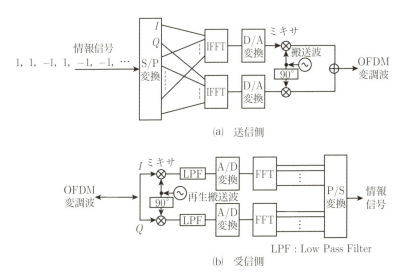

(a) 送信側

(b) 受信側

LPF : Low Pass Filter

図2・30 OFDMにおける処理概要

リエ変換）をハードウェアで行う．

受信側では，復調をDFT（Discrete Fourier Transform，離散フーリエ変換）により行うが，実際にはFFT（Fast Fourier Transform，高速フーリエ変換）をハードウェアで実行処理する．FFTを行うとOFDM波形のスペクトルを抽出でき，それ自体が情報信号を表す．復調に際しては，搬送波同期やシンボル同期などの問題があるが，ガードインターバルを利用したり，パイロット信号を埋め込んだりすることで解決する．

OFDMの原理は1950年代から知られていたが，2000年頃以降注目されるようになったのは，FFT/IFFT等のディジタル信号処理技術の急速な発展により実用化が進んだことによる．

OFDMは，有線無線を問わず下記の例のように極めて多くの

通信システムで利用されている．無線LANやWiMAXでは，OFDMと副搬送波ごとの変調（BPSK，QPSK，QAM）を組み合わせて利用する．

- 無線LAN：IEEE 802.11a/g，802.11n，802.11ac/ad
- ディジタルラジオ放送：DAB，ISDB-TSB
- ディジタルテレビ放送：DVB-T，ISDB-T
- 携帯端末向けマルチメディア放送，DVB-H，ISDB-Tmm，MediaFLO
- 携帯電話網：第3.9世代携帯電話網（LTE），第4世代携帯電話網（LTE-Advanced）
- 無線MAN（WiMAX）：IEEE 802.16e
- 無線PAN：UWB（Ultra WideBand）
- ブロードバンドインターネット専用衛星（INSTAR）
- 有線のPLC（Power Line Communication，電力線通信）

2.3　多元アクセス方式

携帯電話網に代表される移動体通信や衛星通信では，基地局，衛星を介した陸上地上局などの親局と携帯電話やスマートフォンのユーザ端末に対応する子局との間で無線回線を接続する1対N型の通信形態となる．無線LANにおいても同様に，アクセスポイントとパソコンなどのユーザ端末が親局と子局の関係になる．このため，限られた周波数資源を複数の子局の間で共用する必要がある．いい換えると，無線システムに与えられた一定の周波数帯域幅を用いて多数の無線チャネルを構成する方式，すなわち同じ空間をいかに多くの無線局が共用できるかを制御する方式である．

この技術を多元アクセス（マルチアクセス）方式あるいは多元接続

2.3 多元アクセス方式

方式と呼ぶ．一度変調を行った搬送波にさらに再度変調をかけるため，前述のように二次変調と呼ぶこともある．

主な多元アクセス方式としては，周波数を細分化して多重アクセスを実現するFDMA（Frequency Division Multiple Access，周波数分割多元接続），時分割を用いるTDMA（Time Division Multiple Access，時分割多元接続），異なる拡散符号（2.4スペクトル拡散参照）をそれぞれの信号を多重分離するCDMA（Code Division Multiple Access，符号分割多元接続），ディジタル変調方式のOFDMの特徴を生かし多元接続に拡張したOFDMA（Orthogonal Frequency Division Multiple Access，直交周波数分割多元接続）がある．また，OFDMは，FDMAやTDMAなどの多元アクセス方式と組み合わせて利用することがあり，それぞれOFDM/FDMA方式，OFDM/TDMA方式と呼ばれる．

なお，多元アクセス方式と類似しているが，1対N型ではなく1対1型の通信で異なる信号を送信する方法として多重化方式がある．多重化方式には，多元アクセスにおける分割の対象に対応して，FDM（Frequency Division Multiplexing，周波数分割多重），TDM（Time Division Multiplexing，時分割多重），SDM（Space Division Multiplexing，空間分割多重）がある．SDMの代表的な方式が，2.5で述べるMIMO（Multiple-Input Multiple-Output，多入力多出力）で

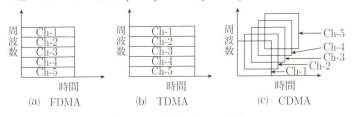

図2・31　多元アクセス方式

ある.

図2・31にこれらの3方式の周波数軸-時間軸におけるチャネル配置法を示す.

(i) FDMA

FDMA方式では，周波数軸でチャネルを分割し，細分化されたチャネル（周波数スロット）を各ユーザ端末に占有的に割り当てる．図2・32にFDMA方式におけるチャネル配置と，複数ユーザに対する多元アクセスのしくみを示す．無線システムに割り当てられた

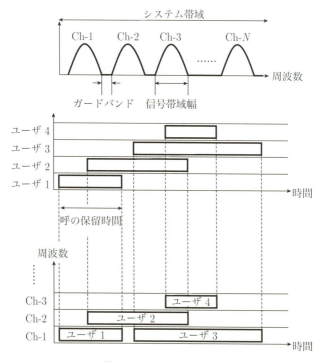

図2・32　FDMAの概要

2.3 多元アクセス方式

周波数帯域内において，チャネルは周波数軸上で複数の周波数スロットに分割されるが，このとき隣接する周波数スロットどうしが互いに干渉しないように，一定の周波数帯域幅がガードバンドとして設定される．

FDMA方式は，音声通話を目的とした自動車電話（第1世代携帯電話網）や衛星移動通信，船舶通信などで利用されてきた．例えば，1979年にサービスが開始された第1世代携帯電話網の自動車電話では，15 MHzのシステム帯域幅を2 400の通信チャネルに周波数的に分割し，6.25 kHz ごとに無線搬送波を設定してアナログ音声を伝送していた．

(ii) TDMA

TDMA方式では，一つのチャネルを時間軸上のスロット（タイムスロット）に分割し，各スロットを各ユーザ端末に時間割り当てする．図2・33にTDMA方式におけるチャネル配置と，複数ユーザに対する多元アクセスのしくみを示す．無線システムに割り当てられた周波数帯域を，一つの無線信号として広帯域のまま利用するが，このとき時間軸上で一定長の時間スロットに分割し，個々の時間スロットを複数のユーザ端末に独立に割り当てることにより多元接続を実現する．各時間スロット間には，ユーザ端末間時間同期精度にマージンをもたせるために，ガードインターバルが設定される．

TDMA方式では，各ユーザ端末は瞬時には無線チャネルを占有することになるため，広帯域の無線信号を処理できる送受信回路が必要となる．このため，回路構成はFDMA方式よりも複雑になる．

また，TDMA方式では，上り回線と下り回線での基地局間干渉とユーザ端末間干渉を軽減，回避するために，基地局間とユーザ端末間の同期が必要となり，高度なタイミング制御が必要になる．し

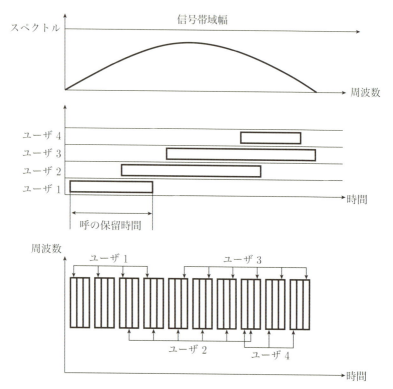

図2・33 TDMAの概要

かし，FDMAで問題となる相互変調の影響を受けないため，増幅器に要求される線形性を緩和できるとともに，自局宛以外の時間スロットで隣接セル基地局の信号レベルをサーチできるという利点がある．また，高い精度のタイミング同期を確立できれば，高い周波数利用効率が得られる．

TDMA方式は，1990年代前半にサービスが開始された第2世代携帯電話網（欧州のGSM，日本のPDC，米国のIS-54）やPHS (Personal

Handy-phone System）で利用された．

(iii) CDMA

CDMA方式では，各ユーザに直交性の優れた固有の符号系列を割り当て，一つのチャネルを同時に共有しながら使用する．図2・34にCDMA方式におけるチャネル配置と，複数ユーザに対する多元接続のしくみを示す．CDMA方式では，ユーザ端末ごとに分離特性の優れた直交性の符号を個別に割り当てることにより，同じ周波数帯域を用いて同時に通信が行える．各ユーザ端末は，この符号で2.4で述べるスペクトル拡散（SS：Spread Spectrum）方式を用いて帯域幅を広げて基地局に送信し，各基地局はこれと同じ符号で復調し所望のチャネルを識別する．

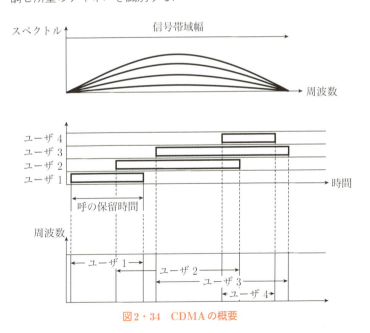

図2・34　CDMAの概要

CDMA方式は，TDMA方式と比較して，高速，高品質で耐干渉性，耐マルチパス特性に優れ，秘話性が高いことに加え，同一周波数を用いたセルの面的配置が可能なことから，周波数利用効率に優れた方式である．古くは衛星通信，その後2001年にサービスが開始された第3世代携帯電話網IMT-2000および第3.5世代携帯電話網HSPAで利用された．

(iv) OFDMA

OFDMAは，OFDMの特徴を生かしてFDMAを拡張した方式である．OFDMAでは，周波数軸と時間軸を分割して通信チャネルを多重化する．すなわち，直交する周波数軸と時間軸の副搬送波（サブキャリヤ）を分割して各ユーザに割り振る．複数ユーザの無線区間環境に応じて伝送効率の高い通信チャネルを割り当てることにより効率的に複数ユーザのトラフィックを処理する．

従来の無線アクセス方式では，ユーザに割り当てる周波数帯を一括して使用していた．このため，刻々と信号強度が変動するフェージングの影響を受けると，周波数帯のすべての信号が欠落して無線品質が劣化するという問題があった．特に，近年は高速・広帯域の無線通信が要求され，フェージングの影響を無視できなくなっていた．この問題に対し，OFDMAでは副搬送波を分割してユーザに割り当てることにより，ある副搬送波がフェージングの影響を受けても，影響のない別の副搬送波を選択することができる．この特徴により，各ユーザは無線環境に応じてより良好な副搬送波を使用でき，無線品質を維持できる．

OFDMAとOFDMとの間に技術的な差異はそれほどないが，OFDM方式が個別のユーザごとに時分割方式で副搬送波を割り当てるのに対し，OFDMAでは図2・35のように，OFDM方式の副

2.3 多元アクセス方式

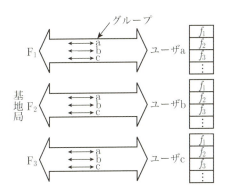

図2・35　OFDMAの概要

搬送波をいくつかのグループに分け，複数のユーザが副搬送波を共有し，それぞれのユーザにとって最も伝送効率のよい副搬送波を割り当てる．これによって，各ユーザにとってはその都度最も効率のよい副搬送波を利用することができ，移動体通信事業者にとっては周波数利用効率を向上させることができる．

OFDMA方式は，無線MANのモバイルWiMAX（IEEE 802.16e）や第3.9世代携帯電話網（LTE），第4世代携帯電話網（LTE-Advanced）などで利用されている．セルラーシステムとも呼ばれる携帯電話網では，OFDMAを採用することにより，隣接セルでも同じ周波数を使うことが可能で，OFDMよりも高い周波数利用効率が得られる．

（v）単方向通信と双方向通信

FDMAもTDMAもCDMAも，上り回線または下り回線の片方向に着目したアクセス技術であるが，通信には一般に単方向通信と双方向通信がある．テレビ放送やラジオ放送は単方向通信であり，電話や無線LANなどの多くの無線通信はお互いに通信を行う双方

向通信である．

双方向通信についても，図2・36に示すように，情報の送信者と受信者がその時々によって入れ替わる通信（時間ごとに見ると単方向通信）を単信（Simplex），情報の送信者と受信者の区別がなく，お互いに送信者兼受信者となる通信を複信（Duplex）と呼ぶ．

複信では，送信者と受信者の区別がない情報を分離する方法として，図2・37のように，情報の受信者と送信者が同時にそれぞれ異なる周波数で通信する周波数分割複信（FDD：Frequency Division Duplex），図2・38のように，同じ周波数で情報の送信者と受信者

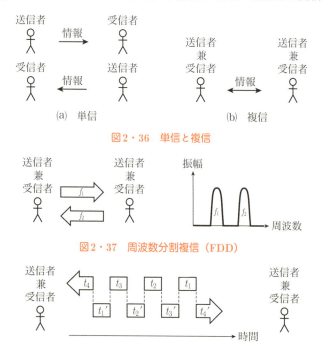

(a) 単信　　　　　　　　(b) 複信

図2・36　単信と複信

図2・37　周波数分割複信（FDD）

図2・38　時分割複信（TDD）

表2・5 FDDとTDDの比較

複信方式	原　理	特　徴
FDD	・周波数帯域を分割し独立して送信と受信を行う	・送信と受信を周波数の違いで区別 ・送受信の分離にデュプレクサが必要 ・送信と受信が同時に行える ・送受信のレベル差が大きいので自局の送受干渉がある
TDD	・一つの周波数帯域を用いる ・情報を時間軸で圧縮し送受信方向を切り替える	・上り回線と下り回線のペア周波数が不要 ・上り回線と下り回線の周波数を分離するためのデュプレクサが不要 ・送受信のデータ量の割合を変えることが可能 ・通信に遅延時間が発生する

が時間を分割し，互いに送受信を切り替える時分割複信（TDD：Time Division Duplex）がある．表2・5にFDDとTDDの比較を示す．

FDDでは無線システムとしての周波数帯域を常に送信者と受信者の対で確保しなければならないが，TDDではその必要がなく，使用周波数帯を選定する自由度が大きい．音声をアナログ信号として伝送する自動車電話の第1世代携帯電話網ではTDDの適用は困難であったが，第2世代携帯電話網以降では適用が可能になった．

FDDもTDDも第2世代以降のディジタル携帯電話網やWiMAXで主に利用されている．

2.4　スペクトル拡散

QPSKやMQAMに代表される多値変調では，信号の狭い占有帯域幅で高い周波数利用効率を得るものであったが，スペクトル拡散方式は，信号の占有帯域幅を大幅に広げ，代わりに雑音や干渉に強くする方式で，二次変調の一方式である．帯域幅拡大の程度は無線システムの用途によるが，BPSKやQPSKに比べて数倍から数千

倍の帯域を使う．

スペクトル拡散方式では，占有帯域幅を拡散することによって信号のスペクトルは広がり，電力密度が極端に低くなるため，他の無線通信システムへの干渉を小さくできる．混信を少なくすることができ，多くの電波が混在する中で希望波だけ高いS/N比（Signal to Noise Ratio，信号対雑音比）で受信できる．また，拡散時の符号をユーザごとに異なるようにすることにより，同一周波数を同時に多数のユーザが使っても，相互に干渉せずに通信，CDMAのように符号多重による多元アクセスを両者が行える．

スペクトル拡散方式の特徴をまとめると，

・非同期の多元接続が可能
・低干渉性，耐干渉性，耐妨害波性，耐マルチパス性
・伝送路でのマルチパスや歪みに強い
・高分解能の測距測定が可能

が挙げられる．

スペクトル拡散方式としては，直接拡散方式（DS：Direct Sequence），周波数ホッピング方式（FH：Frequency Hopping），時間ホッピング方式（TH：Time Hopping），両者を組み合わせたハイブリッド方式（DS/FH）があるが，代表的で利用例が多いDS，FHについて説明する．

(i) 直接拡散方式

スペクトル拡散方式では，2段階に分けて変調，復調を行う．図2・39に直接拡散方式の変調，復調のしくみを示す．

送信側では，ベースバンド信号は，狭帯域変調であるPSKやFSK等により一次変調される．さらに二次変調（拡散変調と呼ぶ）としてスペクトル拡散変調される．一次変調された信号は，図2・

2.4 スペクトル拡散

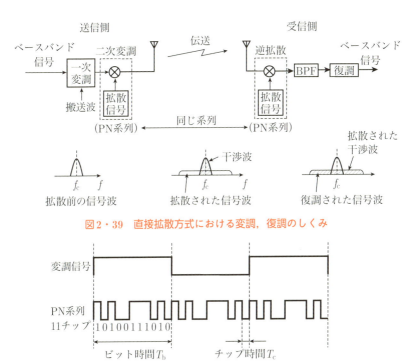

図2・39 直接拡散方式における変調，復調のしくみ

ビット時間：原符号系列の1 bitを送るための時間幅．ビット幅とも呼ぶ．
チップ時間：拡散符号系列の1 bitを送るための時間幅．チップ幅とも呼ぶ．

図2・40 PN直列

40に示すPN（Pseudo-random Noise，疑似ランダム雑音）系列と呼ばれる方形波を乗算されて送信される．PN系列は，+1または-1がほぼランダムに出現する乱数発生器である．PN系列は，情報信号のシンボルレートよりはるかに速い速度で切り替わり，そのスペクトルは図2・39のように広帯域になる．すなわち，それぞれの+1または-1のパルス幅は，一次変調におけるパルス幅に比べて十分短く（数分の1から数千分の1）設定する．

受信側では，受信した拡散波に送信側で用いたものと同じ拡散信号を再度乗算する．この時，受信波とPN符号の同期をとる必要がある．広い帯域幅に拡散されていた信号のスペクトル成分が元の一次変調波のスペクトルに戻り，PSKなどの受信機で復調できるようになる．この過程を逆拡散と呼ぶ．

　逆拡散において，受信部のアンテナで受ける信号は，外部からの妨害電波や雑音を含む．この信号を逆拡散すると，信号成分は元の狭帯域被変調波に戻り，妨害成分は拡散されスペクトルが無限に広がり，電力密度が低くなる．そこで復調の前に狭帯域のBPFを通過させることにより，BPFで帯域制限されて復調部に入力されるため，復調帯域への妨害成分電力は抑えられる．誤りの発生は確率過程によって計算されるため，結局直接拡散を行うと誤りが少なくなり，これが直接拡散が干渉波や妨害波に強い理由である．

　第3世代携帯電話網や無線LAN（IEEE 802.11b/g），センサネットワークのZigBeeなどで利用されている．

(ii) 周波数ホッピング方式

　直接拡散方式と同様，2段階に分けて変調，復調を行う．図2・

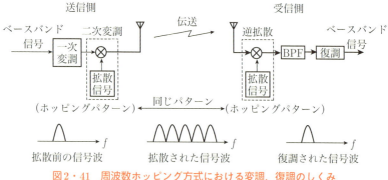

図2・41　周波数ホッピング方式における変調，復調のしくみ

41に周波数ホッピング方式の変調，復調のしくみを示す．

送信側における二次変調では，ランダムに周波数を変化させる．図2・42のように周波数を時間とともに広い範囲をホッピングする．

受信側では，受信波をホッピングパターン発生器の出力で周波数変換すると，一定の周波数の中間周波数ができるため，一次変調に対する検波回路でベースバンド信号への復調が完了する．ホッピング順序はランダムになるように設定するが，直接拡散方式と同様に受信側でも送信側と同時に同じ順序でホッピングする必要がある．

周波数ホッピングで使用する帯域幅内に干渉波が混入した場合，ホップしている周波数のいくつかで干渉を受け，干渉を受けている周波数を使った時間帯の情報に誤りが生じる．直接拡散方式の場合は干渉波が広帯域の雑音に変換されるため信号は確率的にしか誤らないが，周波数ホッピングの場合は干渉を受けた周波数を使っている時間帯は確率1/2で誤りになる．このため，誤り訂正機能が必要となる．また，ホッピングパターンは，ランダムで周期が長いほど秘匿性が向上する．

無線PANのBluetoothで利用されている．Bluetoothでは，79 MHzの全帯域幅において一つの周波数の帯域を1 MHzとして，ホッピングパターンで1秒間に1 600回の速さ（625 μs）で移動しながら

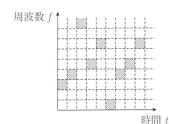

図2・42　周波数ホッピング方式におけるホッピングパターンの例

周波数変換を行う．

2.5 アンテナ

アンテナは，図2・43のように，電気回路に閉じ込められた高周波エネルギーを電波として空間に放射（送信）したり，逆に空間の電波を高周波エネルギーへ相互に変換（受信）したりする装置である．送信側では限られた電力で電波を放射しなければならないし，受信側では放射された電波を効率よく変換しなければならない．日本語では空中線と呼ばれることがある．

アンテナの起源は，1編1.2で述べた1880年代のヘルツによる電波の存在を証明するための実験に遡る．その後20世紀に入り，周波数や用途に応じてさまざまな種類のアンテナが考案され，実用化されてきた．

以下では，アンテナの特性，主なアンテナの種類と用途について述べた後，2000年以降に急速に実用化が進展し，今後も技術開発や利用の拡大が見込まれるアダプティブアレイアンテナ（Adaptive Array Antenna）とMIMOについて述べる．これらの技術はまとめてスマートアンテナ（Smart Antenna）と呼ばれることもある．

(i) アンテナの特性

アンテナの基本特性は，図2・44のように，使用する周波数の波長の半分の長さ（λ/2）をもつアンテナが最も効率がよくなること

図2・43　アンテナの概要

2.5 アンテナ

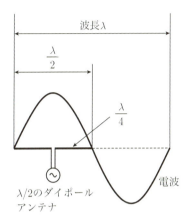

図2・44 アンテナの基本特性

である。例えば429 MHzの周波数を使用する場合はその波長は約70 cmのため，約35 cmの長さのアンテナが最も効率がよい。この長さのときに，アンテナと送信電波が共振状態になり最大電力が放射され，受信機でも受信電波とアンテナが最も強い共振状態になり最大電力を受信することができる。アンテナを曲げたり，丸めたりすると電波の減衰が激しくなる。実際は，機器の小形化への要求が高いため，アンテナの長さが波長の1/4（λ/4）のものが多く使用される．

アンテナの動作原理の理解を助けると同時に，アンテナ自体の特性を決定づける主な技術について説明する．

(1) 利得

アンテナの利得は，被測定アンテナと基準アンテナに同一電力を加えた場合の最大電界方向での受信電力の比で表す．アンテナの利得を表すにはアイソトロピック（等方性）アンテナを基準にする方法と，半波長（λ/2）ダイポールアンテナを基準にする方法がある．

基準にアイソトロピックアンテナを用いる場合の利得を絶対利得と呼び,単位に[dBi]を使用する.基準に理想的な半波長（λ/2）ダイポールアンテナを用いる場合の利得を相対利得と呼び,単位に[dBd]を使用する.指向性をもつアンテナにおいては,放射が最大となる放射角におけるエネルギーの強さをアンテナの利得として[dB]で表すことがあるが,[dBd]と同じである.利得が高ければ高いほど指向性が鋭くなり,方向合わせは難しくなる.

相対利得は,基準となるアンテナの絶対利得と目的のアンテナの絶対利得の比に等しい.基準となる半波長（λ/2）ダイポールアンテナの絶対利得は2.14 dBiであり,絶対利得が Ga [dBi]のアンテナの相対利得 Gr [dBd]は,

$$\text{相対利得 } Gr \text{ [dBd]} = \text{絶対利得 } Ga \text{ [dBi]} - 2.14 \text{ dB}$$

で求められる.つまり,dBdとdBiの間には0 dBd = 2.14 dBiの関係がある.

アンテナの仕様が2.14 dBiであれば,これは理想半波長ダイポールアンテナと同等であることを意味する.なお,アイソトロピックアンテナは理論的な数式上のアンテナで,電波をすべての方向に同一強度で放射する指向性が球状の仮想アンテナである.

(2) 指向性

電波の放射方向と放射強度との関係を指向性という.アンテナには,特定方向に電波が放射される指向性アンテナ（この特定方向への電波をビームと呼ぶため,指向性アンテナをビームアンテナと呼ぶこともある）と,電波がどの方向にも均等に放射される無指向性アンテナがある.利得の大きなアンテナほど指向性は鋭く,特定の方向へ強く電波を放射する.指向性は,電流を電波に変換する送信の場合も,電波を高周波電流に変換する受信の場合も同じ特性になる.

2.5 アンテナ

指向性アンテナは，周囲に余計な電波を放射せず，他方向からの雑音を拾わず，小電力でも効率よく伝送できる．無指向性のアンテナは周囲に無駄な電波を放射するため，あらゆる方向から雑音を拾うことになるが，通信相手がどこにいても通信できるので移動用に向いている．指向性アンテナには八木・宇田アンテナやパラボラアンテナなどがあり，無指向性アンテナにはホイップアンテナなどがある．

(3) 偏波

電波の空間に対する向きを偏波という．送信，受信双方のアンテナは偏波面が合っていなければ損失が大きくなる．偏波には，図2・45のように，直線偏波と円偏波があり，直線偏波には垂直偏波と水平偏波がある．

直線偏波では，電界が常に一つの平面内に存在する．図2・46のように，直線偏波の中で，垂直に立ったアンテナから放射される電波の電界が大地に対して垂直になる場合を垂直偏波，同様に水平に置かれたアンテナから放射される電界が大地と平行な場合を水平偏波と呼ぶ．例えば首都圏のテレビ放送では水平偏波が多い．

直線偏波とは異なり，電界が伝播方向に向かって回転する場合を円偏波と呼び電波の進行方向に向かって右に回転する場合を右旋円偏波，左に回転する場合を左旋円偏波と呼ぶ．円偏波は回転する電界の大きさが一定の場合をいうが，実際のアンテナでは電界の大き

図2・45 偏波の種類

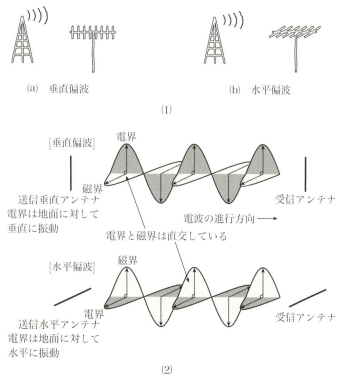

図 2・46 垂直偏波と水平偏波

さが一定とならず楕円の形になり、その場合を楕円偏波という。楕円偏波において、楕円の長軸と短軸の比を軸比と呼ぶ。円偏波は主に衛星放送やGPS等の衛星通信で使用されるが、電波の周囲からの不要な反射（マルチパス）の影響を受けにくいことからETCなどでも使われている。

いずれにしても、良好な通信を行うには送信アンテナが水平偏波の場合は受信アンテナも水平偏波、送信アンテナが右旋円偏波の場

合は受信アンテナも右旋円偏波というように偏波を一致させる必要がある．

(4) インピーダンス整合（インピーダンスマッチング）

一般に，電気信号の伝送路において，送信側の回路の出力インピーダンスと受信側の回路の入力インピーダンスを合わせることをインピーダンス整合という．

高周波出力回路からアンテナに接続するときには，損失なく，電力を効率よく受け渡し，最大の効率で伝送するために，電波の反射を起こさないようにする必要がある．ここでは，反射は，アンテナの方向に送った信号の一部が信号源の方へ戻ってしまうことを意味し，これが入射信号と合成され悪影響を及ぼす．反射は，信号源インピーダンスとアンテナのインピーダンスが合っていない場合に起こるため，双方のインピーダンスを合わせる必要がある．

(ⅱ) アンテナの種類と用途

表2・6に主なアンテナの種類，特徴，用途を示す．アンテナの指向性は，放射角と放射強度の関係をレーダチャートにした形で表されるが，図2・47に代表的なアンテナの指向性を示すレーダチャートを示す．

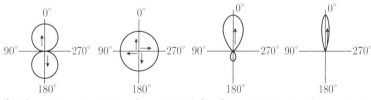

図2・47　代表的なアンテナのレーダチャート（指向性）

表2・6 主なアンテナの種類と特徴，用途

種類	概要，主な用途
ホイップ (ロッド) アンテナ	・無指向性アンテナでどの方向でも電波を受信・送信することができる．送信局の位置に合わせてアンテナを設置する必要がなく，また設置箇所の自由度が高いという特徴がある．水平方向360°どこでも受信や送信が可能となる反面，テレビアンテナなどに代表される指向性アンテナに比べるとノイズを拾いやすい．電波状況がよければ，屋内での利用も可能 ・携帯電話や小形ラジオなど移動性の高い機器で利用
ダイポールアンテナ	・ケーブルの先（給電点）に2本の直線状の導線を左右対称につけたアンテナ．モノポールアンテナとともに線状アンテナの基本となるアンテナで，最も構造が簡単 ・アマチュア無線など
八木・宇田アンテナ	・素子の数により調整できる指向性アンテナ．ダイポールアンテナの前後に電波を導く導波器と電波を反射させる反射器をつけたもので，指向性が強く送信局に方向を合わせる必要がある ・テレビ放送，FM放送の受信用，アマチュア無線，業務無線の基地局用など
パラボラアンテナ	・放物曲面をした反射器をもつ凹型アンテナ．指向性が非常に強く方向調整が難しいが，電波の電力効率がよい ・衛星通信，衛星放送，電波天文など
ループアンテナ	・導線，導体部分を環状のコイルにしたアンテナ．電波の磁界の変化を検知する．目で見てループが一直線になる方向に電波は進む．受信アンテナも同様に，電波の磁界がループを横切るような方向に設置する．利得が高い，電波の偏波面に依らないため垂直偏波・水平偏波のどちらも同様に，さらに偏波面が変動する電波でも拾うことができる，雑音に強い（S/N比がよい）特徴をもつ ・衛星通信，アマチュア無線における遠距離（DX）通信
誘電体アンテナ	・誘電体は直流の電気を通さないが，高周波電磁波を流すと波長を短縮する効果がある．この性質を利用して，共振周波数を保ったままでアンテナを短くできる，すなわち，同じ周波数に対応したアンテナをより小形化できる．高周波用誘電体セラミックスを使用したアンテナで小形化，高機能化が可能 ・携帯電話の通話用，GPS用，ヘッドセットやパソコンなどの無線接続用のBluetoothアンテナなど

2.5 アンテナ

(iii) スマートアンテナ

(1) アダプティブアレイアンテナ

移動通信では，自分が通信している基地局以外からの妨害波を同一チャネル干渉というが，この干渉により画質や音質が劣化し，最悪の場合には通信が切断される．これを回避するためには，図2・48のように，アンテナ指向性の主ビームを自分の通信相手である希望波の方向にだけ向けて，干渉波方向には指向性の谷間（アンテナの指向性パターンの落ち込んだヌル点）を向ければよい．この際，携帯電話では通話者が移動すると，希望波と干渉との角度も時々刻々変化する．したがって，アンテナ指向性の主ビームもヌル方向も適応的（アダプティブ）に変化する必要がある．

これを実現する技術がアダプティブアレイアンテナ（Adaptive Array Antennaの略でAAAと記されることがある）である．表2・7にアダプティブアレイアンテナによる制御の種類を示す．

図2・49に，アダプティブアレイアンテナを備えたユーザ端末が，希望波を送信する希望基地局と干渉波を送信する干渉基地局の電波を受信している様子を示す．

通常の無線通信用のアンテナは，一つのアンテナが全方位に対して電波を出すが，アレイアンテナでは出力の小さなアンテナを複数

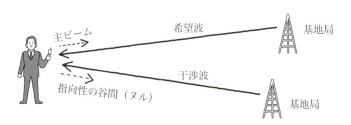

図2・48　干渉波がある通信環境と指向性

表2・7 アダプティブアレイアンテナによる制御の種類

ビームフォーミング	ビームを水平面内で左右に振ったりビーム幅を制御したりすることで通信相手の移動端末方向にビームを向けて，その方向への指向性を上げる
マルチビーム	通信相手の移動端末に対して，あらかじめ準備されたビームから一つまたは複数を選択する
ビームスイッチング	特定の分解能で指向性を切り替えることで，通信相手の移動端末に対して放射電力が最大になるビームを選択する
ビームステアリング	通信相手の移動端末の方向に対して放射電力が最大になるビームを選択する
ヌルステアリング	干渉，混信を与える移動端末の方向に対して放射電力がヌル（0）になる方向に向け，干渉を抑圧する

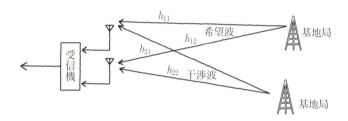

図2・49 アダプティブアレイアンテナによる干渉除去

並べて設置する（図2・49ではアンテナ2台）．これにより，特定の方向に電波を指向することができるので，複数の無線基地局の間で電波が干渉するトラブルを回避できるほか，電波の到達距離を伸ばすことも可能である．SIR（Signal to Interference power Ratio：希望波電力対干渉波電力比）の特性を改善することによって周波数利用効率の向上を図ることができ，結果的にシステムの通信容量を増大できる．

アダプティブアレイアンテナは，元々は，米国の軍隊で使用し始めた軍事技術で，PHSや第3世代携帯電話網（IMT-2000）の基地局

2.5 アンテナ

などで使用されている．

(2) MIMO

MIMOは，多入力・多出力の無線通信技術，すなわち送信側，受信側双方に複数のアンテナを設置し，無線送受信間の空間に複数の電波伝搬路を用意し，各伝搬路を空間的に多重して信号伝送するSDMの代表的な方式である．アレイアンテナを拡張した技術として，無線通信の分野において1990年代の後半から注目され始めた．

図 2・50 の(a)のMIMOの基本構成に示すように，送信機で M_T 個の複数の送信アンテナから，各々異なった信号を同じ周波数を用いて送り（Multiple-Input），受信側においても M_R 個の複数の受信

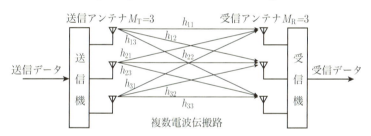

h_{11}〜h_{33}：各電波伝搬路の伝達特性を表すチャネルインパルス応答

(a) 基本特性

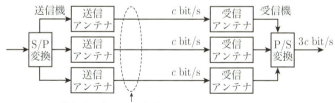

(b) 理想的な動作における等価的な通信路（3×3の例）

図 2・50 MIMOの基本構成と等価的な通信路

アンテナを用いて複数伝搬路（ストリームとも呼ぶ）から到達したすべての信号を同時に受信し（Multiple-Output），各ストリームの信号を分離検出，復号する．図2・49のアダプティブアレイアンテナにおいて，希望波と干渉波基地局を一つの基地局としてまとめた形になっている．

時間と空間の領域で同じ周波数を用いて送信するため，ストリーム間で各データ（シンボル）が干渉し受信が困難となるが，受信アンテナ数を多くして所望の信号を取り出すことによって解決を図ることができる．

図2・50の(b)の等価的な通信路に示すように，理想的（各伝搬路特性が無相関）には等価的な通信路の数だけ伝送速度を高めることができ，この図の例では送信機と受信機でそれぞれ3本のアンテナを用いていることから，最大3倍にまで伝送速度を引き上げることができる．すなわち，$N \times N$のMIMOでは，1×1のSISO（Single-Input Single-Output，一入力一出力）に比べて理想的にはN倍の伝送容量が得られる．

MIMOの最大の狙いは高速伝送によるチャネル容量の増加にあるということになるが，高速伝送への効果を下げればその分だけ通信品質の向上（伝送誤りの低減）を図ることができる．したがって，MIMOの狙いはキャパシティの増加と通信品質の向上の2点にある．

MIMOは，無線LANのIEEE 802.11n，802.11ac，第3.5世代携帯電話網（HSPA，HSPA+），第3.9世代携帯電話網のLTE，第4世代携帯電話網のLTE-Advanced，無線MANのWiMAXなどで利用され，OFDMとともに，2000年以降に実用化された高速，高品質の無線ネットワークにおける必須技術になっている．

無線LANのIEEE 802.11nでは最大8×8のMIMO，2020年

2.6 品質改善方式

表2・8 アダプティブアレイアンテナとMIMOの比較

	アダプティブアレイアンテナ	MIMO
方　式	空間を角度的に分割した多元アクセス方式（SDMA）	空間を利用して同じ周波数で同時に並列伝送を行う多重化方式（SDM）
伝送効率化方法	アレイアンテナの技術を用いて放射指向性を適応的に制御し，アンテナの利得を上げたり，干渉除去を行ったりして伝送を効率化	複数の送信アンテナと受信アンテナを組み合わせて，複数の電波伝搬路をつくり，伝送容量を増大化
特　徴	・干渉を抑圧して多数のユーザを収容 ・ユーザごとに回線が必要な回線交換型の通信に適している ・ビームフォーミングによりアンテナの指向性を増加させて，カバーエリアを拡大	・並列伝送により伝送容量を増大 ・アンテナを増やせば大容量の無線伝搬路を確保できる ・ユーザ間で同一伝送路を共有し，パケット通信に適している

頃の実用化を予定している第5世代携帯電話網（5G）では大容量のMIMO（Massive MIMO）が定義されている．ここまで述べたMIMOは，個々のユーザを制御単位としているためSU（Single User，単一ユーザ）-MIMOと呼ぶことがあるが，これに対し802.11acや第4，第5世代携帯電話網（4G，5G）では，MU（Multi User，複数ユーザ）-MIMOと呼ぶ，基地局やアクセスポイントがアンテナリソースを使用して複数のフレームを異なるユーザに対して，同時に同一の周波数帯域で送信する方式が定義されている．

表2・8にアダプティブアレイアンテナとMIMOの比較をまとめて示す．

2.6　品質改善方式

ディジタル伝送の品質を大幅に劣化させるフェージングの軽減も

含め，通信の品質信頼性を改善する主な技術として，誤り訂正方式とダイバーシティ（アンテナダイバーシティと呼ぶこともある）について述べる．

(1) 誤り制御方式

誤り制御は，伝送路の途中で発生した誤りを受信側で検出し，これに基づいて訂正することにより，正しい情報を再現することである．有線無線を問わず，ディジタル通信の伝送路で発生する誤りは，ランダム誤りとバースト誤りに分けられる．

ランダム誤りは，送信した個々のビットに独立して発生し，主に受信機の熱雑音によって引き起こされる．すなわち，無線信号が伝送される間に伝搬距離に応じて信号のレベルが減衰し，受信機の増幅器が元々もっている熱雑音のレベルに近づくことにより誤りが発生する．バースト誤りは，主にマルチパスフェージングやパルス状の干渉によって，一部の時間帯に集中的に引き起こされる．

誤り制御技術としては，ARQ（Automatic Repeat reQuest，自動再送要求）方式，FEC（Forward Error Correction，前方誤り訂正）方式，これらを組み合わせたHARQ（Hybrid ARQ，ハイブリッドARQ）方式がある．

(a) ARQ方式

送信側で送信したい原情報に誤り検出用データを付加して送信し，受信側で誤り検出符号を用いて伝送路において発生した誤りを検出し，送信側に誤った情報の再送を要求する．

伝送する情報の冗長度（送信したい情報に対する誤り検出用データの割合）が小さく，比較的簡単な信号処理で高い信頼性が得られるため，装置の簡易化，小形化に適している．この反面，再送要求のためのフィードバック回線と送信側が再送に備えるためのバッファを

2.6 品質改善方式

必要とし，情報伝送の遅延が無視できなくなるため，リアルタイム通信には適さない．また，誤りが多くなると伝送効率が急激に低下する．

ARQ方式には表 2・9 に示す三つの方式がある．ARQ方式は広くパケット通信で利用されている．

(b) FEC方式

送信側で送信したい情報に誤り訂正符号を用い，誤り訂正用データを付加した形で送信し，伝送路において発生した誤りを受信側で訂正する．受信側では，誤りを検出すると同時に誤り訂正も行うため，再送は要求しない．フィードバック回線が不要なため，少ない伝送遅延と遅延揺らぎ（ジッタ）でリアルタイム伝送が可能となる．誤り訂正能力を高くするほど冗長度が大きくなって伝送効率が低下し，装置も複雑になる．音声や動画などのリアルタイム性が要求される通信や放送のような単方向の通信などほとんどの無線通信で利用されている．

誤り訂正符号はその符号化の方法によって，ブロック符号と畳込み符号に大別される．ブロック符号は，符号語と呼ぶ一定長の情報（ブロック）単位で符号化する符号である．畳込み符号は，過去の複

表 2・9　ARQ方式の分類

Stop-And-Wait (SAW)	パケットの受信側から ACK（Acknowledge，肯定応答．受信成功を通知する．）が返されたら次のパケットを送信する．
Go-Back-N (GBN)	N 個のパケットを一群とし，パケットを連続送受信して NAK（Negative Acknowledge，否定応答．受信失敗を通知する．）が返されたら，その送信が失敗したパケットが含まれる一群を再送する．
Selective-Repeat (SR)	パケットを連続送受信して NAK が返されたら，その送信が失敗したパケットのみを選択して再送する．

数ビットを用いて現時点での符号化ビットを得る符号である．

図2・51に主な誤り訂正符号の種類を示す．ランダム誤り，バースト誤りのいずれに有効かも示している．さらに，誤り訂正符号には，ブロック符号と畳込み符号を連結した連接符号（concatenated code）がある．連接符号は，ブロック符号と畳込み符号を連結することで，それぞれを単独で利用する場合以上の誤り訂正効果が得られる．

ブロック符号のBCH符号やGolay符号，リード・ソロモン（RS）符号は，主に衛星通信や初期の移動通信の制御回線に用いられた．無線LAN（IEEE 802.11n，802.11ac）やWiMAX，第3.9世代以降の携帯電話網（LTE，LTE-Advanced）ではLDPC（Low Density Parity Check，低密度パリティ検査）符号が利用されている．畳込み

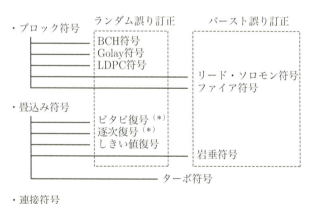

（＊）ビタビ復号：最尤復号法（Viterbi algorithm）を用いる符号
　　逐次復号：逐次復号法を用いる符号

図2・51　主な誤り訂正方式の種類

2.6 品質改善方式

符号は，ディジタルラジオやBluetoothなどにも利用されているが，ビタビ復号法は，当初衛星通信のランダム誤りに対する誤り訂正方式として実用化され，ターボ符号は第3世代携帯電話網（W-CDMA）におけるデータ伝送に応用された．2010年代後半以降の高速な無線LANや携帯電話網などの多くの無線通信では，LDPCが主流になっている．また，連接符号は，ディジタル放送などで利用されている．

(c) HARQ方式

ARQ方式とFEC方式のほかに両方式を組み合わせたHARQ方式では，FEC方式で誤り訂正を行い，さらに誤り訂正復号結果に誤り検出をかけて，誤りが残存していれば再送要求を行う．第3.5世代携帯電話網（HSPA），第3.9世代携帯電話網（LTE），第4世代携帯電話網（LTE-Advanced），WiMAX等で利用されている．

(2) ダイバーシティ

ダイバーシティは，複数のアンテナで受信した同一の無線信号について，時々刻々変化する電波環境に応じて，アンテナを選択したり，切り替えたり，あるいは受信した信号を合成して雑音を除去したりすることによって，通信の品質や信頼性の向上を図る技術である．適応等化器（Adaptive Equalizer，等化器はディジタル通信システムにおいて劣化した受信信号を誤り除去などにより元の送信信号に戻す装置）を使って歪んだ波形を修復する．ディジタル通信の場合は誤り訂正技術を使ってビットの誤りを防ぐなどの技術とともに，空間的に複数のアンテナを配置したフェージングへの対策として有効な技術である．

ダイバーシティには，空間ダイバーシティ，偏波ダイバーシティ，角度ダイバーシティ，マルチパスダイバーシティなどの方式がある

が，最も一般的な方式は，空間位置の異なる複数のアンテナを用いる空間ダイバーシティである．

空間ダイバーシティは，受信信号の合成の方式により，複数のアンテナを用意し，単に電波が強い方のアンテナをスイッチで切り替えるアンテナ選択方式と，複数のアンテナの間隔を適切に離して用意し，強い電波を拾ったアンテナ同士の位相を揃えて合成する最大比合成方式などに分類される．最大比合成方式は，それぞれのアンテナ出力の位相合わせを行い，信頼度に応じた重み付けを行って合成する方式であり，最も効果があるとされている．

その反面，フェージングの影響下で希望波の位相を抽出することは非常に困難である．また，帯域内でフェージングが一様に変動する一様フェージング下では，SNR（Signal-to-Noise Ratio，信号対雑音比）を最大とする制御が最適であるが，周波数ごとに変動の様子が異なるような選択性フェージング下では，符号間干渉を最小にするようなアルゴリズムが重要となる．このため，周波数選択性フェージングを対象にした適応等化器とダイバーシティを組み合わせた方式の検討も行われている．ダイバーシティでは同一チャネル干渉を効果的に抑制することが難しくなるという課題がある．

MIMOは通信速度を数倍にする反面雑音や干渉に弱い．そこで，基地局から遠い場合や干渉が多い場合は，ダイバーシティを適用をすることで通信速度を維持できる．また，ダイバーシティは，システムの構成，信号処理の観点からアダプティブアレイとは差異がないと考えられるが，アンテナに入射する信号の伝搬モデルの扱いにおいて異なっている．ダイバーシティは，ほとんどの携帯電話網やPHSの基地局に用いられている．

3 無線通信の応用

　1編，2編で説明した無線通信の電気的，物理的な動作原理や制御方式は，コンピュータネットワークのプロトコル体系として標準化されたOSI（Open Systems Interconnection）参照モデルにおける第1層の物理層に対応する．3編では，これらを実際に適用した無線ネットワークについて述べる．無線LANや無線PANなどのデータ通信用のネットワークでは，物理層に加えてその上位の層においても種々の無線特有の問題があり，第2層のMAC（Media Access Control）層を含めたプロトコルについても説明する．

　3編では，通信距離に基づいて分類した各無線ネットワークについて物理層とMAC層を中心に説明した後，これらの技術を応用したネットワークについて述べる．応用ネットワークとして挙げるセンサネットワーク，ホームネットワーク，アドホックネットワークは，21世紀初頭のユビキタスネットワークの発展形として，2010年代半ば以降のM2M，IoTにおいて重要な役割を果たし，今後も技術開発が進められ実用化されていくと期待される．

3.1 無線ネットワークの分類と動向

(i) 無線ネットワークの分類

　1.4において，無線ネットワークを，通信距離の短い方から短距離無線，無線PAN，無線LAN，無線MAN，無線WANに分類した．これらの中で，公衆網の無線MANと無線WANは通信事業者

中心に国際標準化がなされ，通信事業者によって運営される．自営網の短距離無線，無線PAN，無線LANの中で，短距離無線は主にISO（International Organization for Standardization，国際標準化機構），無線LANはIEEE（the Institute of Electrical and Electronics Engineers，米国電気電子学会）において国際標準化が進められている．無線PANは，ベンチャ企業などによる先行開発を経て民間企業中心に業界コンソーシアムで標準化が進められたり，IEEEで標準化されたり，多様である．

表3・1に，各無線ネットワークの主な個別ネットワーク，標準化機関などについてまとめて示す．3GPP（Third Generation Partnership Project）は，移動通信事業者を中心とする第3世代以降の携帯電話網の標準化機関である．無線MANと無線LANと無線PANはIEEE 802委員会，1対1通信の短距離無線はISOを中心に標準化が進められている．IEEE 802委員会は，Ethernetなどの有線のLANを標準化するために1980年2月に設立され，802は1980年2月を示す．IEEE 802委員会は第1層の物理層と第2層のMAC層のみを標準化の対象とする．無線PAN，無線LAN，無線MANはそれぞれIEEE 802.15，IEEE 802.11，IEEE 802.16の各WG（Working Group）において標準化が進められている．各無線ネットワークは，通信特性や利用目的に応じてさらにいくつかに細分化され，個別に規定されている．

特にM2M/IoTにおいて重要となるセンサネットワーク，アドホックネットワーク，一般家庭を対象としたホームネットワークは，通信距離で分けた分類ではないが，通信距離との対応では，主に無線LAN，無線PAN，短距離無線に位置づけられる．

3.1 無線ネットワークの分類と動向

表3・1 通信距離から見た無線ネットワーク

ネットワーク	国際標準化機関	例	備考
短距離無線	通信方式ごとに個別（主にISO）	・NFC ・DSRC ・RFID ・赤外線 ・特定小電力無線，微弱無線	・一対一通信が主
無線PAN	IEEE 802.15	・IEEE 802.15.1（Bluetooth） ・IEEE 802.15.3a（UWB，2005年に解散） ・IEEE 802.15.4/4d（ZigBeeで採用） ・IEEE 802.15.3c（ミリ波） ・IEEE 802.15.6（BAN） ・IEEE 80215.7（可視光通信）	・業界コンソーシアム Bluetooth SIG， ZigBee Alliance， Wi-SUN Alliance 等
無線LAN	IEEE 802.11	・IEEE 802.11b/a/g/n ・IEEE 802.11ac/ad	・業界コンソーシアム Wi-Fi Alliance
無線MAN	IEEE 802.16	・IEEE 802.16-2004（固定WiMAX） ・IEEE 802.16e（モバイルWiMAX） → 3G ・IEEE 802.16m（次世代モバイルWiMAX）→ 4G	・業界コンソーシアム WiMAX Forum
無線WAN	3GPP →ITU	・第2世代（PDC，GSM等） ・第3世代（W-CDMA，cdma2000） ・第3.5世代（HSDPA，EVDO Rev.A） ・第3.9世代（LTE） ・第4世代（LTE-Advanced）	・2010年に開始された3.9Gを経て2010年代半ば以降に4G開始

(ii) 無線ネットワークの動向

全体の動向としては，1990年代半ば以降の携帯電話の普及とそれに続く無線LANの定着を経て，2003年以降，無線WAN（携帯電話網）と無線LANでは埋め尽くせない短距離無線，無線PAN，無線MANの標準化，開発競争が急激に活発化した．2009年に無

線MANのモバイルWiMAX (IEEE 802.16e), 2010年に第3.9世代携帯電話網のLTEが国内でサービスが開始されたのに対し, 無線PANも短距離無線も一部を除き当初の期待よりも大幅に実用化が遅れた. しかし, スマートグリッドによる省エネ化に関する研究やウェアラブル機器の製品化に伴い, 2010年代半ばから実用化が進展しつつある.

2005年以降, 特に短距離無線, 無線PANにおいて類似技術が多く開発され乱立状態が続いたが, 2010年代半ばから2020年頃にかけて短距離無線から携帯電話網までの本命が出そろい, 各々の進化と淘汰, 無線ネットワーク間やインターネットとの相互連携が進展すると思われる.

無線ネットワークの技術は, 高速化, M2M/IoT化, シームレス連携の三つを軸として進展していく. M2M/IoT化, シームレス連携は, 高機能化により利便性を高めることを目指した無線特有の動向である.

(1) 高速化

2010年代半ばに無線LANのIEEE 802.11nと第3.9世代携帯電話網のLTEによって100 Mbps以上が達成され, 2020年代初頭までには無線LANのIEEE 802.11ac/adと第4世代携帯電話網のLTE-Advancedにより1 Gbps以上の通信が可能になる. IEEE 802.11ac/adは, 無線LANといっても最大通信距離は10〜20 mであるが, 1 Gbpsはハイビジョン (HD：High Definition) 映像を無圧縮で送信できる速度である. いずれのネットワークも, OFDMとMIMOの技術を駆使している. 2020年以降の実用化については, 例えばテラヘルツ波 (300 GHz〜3 THz) を利用した, データセンタ内のサーバ間ケーブルの代替, 近距離における4 K/8 K映像通

信などについても検討が進められている．

(2) M2M/IoT化

M2M/IoTでは，スマートフォン，タブレットをはじめセンサや家電，自動車，ロボット，ウェアラブル機器などが主要端末となる．特にセンサはその多様な応用への可能性から，ビッグデータへの入り口としても重要な通信デバイスとなる．端末の高密度実装による小形軽量化とともに，通信機能としては，センサの収容，省電力化，端末の移動への対応，メッシュトポロジも含めアドホックネットワークやマルチホップネットワーク構築などが重要となる．

(3) シームレス連携

無線ネットワークの通信距離の制約から，各ネットワーク間での連携も求められる．近年スマートフォンの急速な普及に伴い，スマートフォンのパケット通信のトラフィックを携帯電話網から無線LANに転送するトラフィック・オフロードにより，双方のネットワーク間連携FMC（Fixed Mobile Convergence）が始まりつつある．異なる無線ネットワーク間でのハンドオーバ（端末と通信する基地局を移動中に切り替えること）についてもIEEE 802.21においてMIH（Media Independent Handover）の名で標準化が進められた．

3.2 短距離無線

古くから使われてきたものとして特定小電力無線，微弱無線，赤外線，2003年以降に利用され始めたものとしてNFC，DSRC，RFID，2009年以降に実用化されたものとしてTransferJet，ANTがある．ISOでは，RFID，NFCはそれぞれ非接触センサ，非接触ICカードに分類され，将来はともにZigBeeなどのセンサネットワークにおけるセンサノードとして動作させることも考えられる．

表3・2　短距離無線

特定小電力無線，微弱無線	・トランシーバ，ワイヤレスマイク，インターフォン，リモコン，業務用のバーコード読取り，キーレスエントリ・システム，テレメータ，遠隔操作ラジコンなどで利用 ・主にUHF帯（300 MHz～3 GHz）を用い，通信距離は最大数百m．変調方式は主にASK
赤外線	・家電用リモコンでの利用が主 ・波長850～900 nmの赤外線を利用
DSRC	ITSにおけるETC（自動料金徴収システム）で利用
NFC	・ソニーのFelicaを用いたSuica/ICOCA，PASMOなど定期券で利用．携帯電話（モバイルSuica），スマートフォンにも搭載（Touch&Goと呼ばれる） ・ISOで標準化
RFID（ICタグ，電子タグ）	・商品タグ，SCM (Supply Chain Management)，物流管理，在庫管理，入退室管理に加え，食物や薬品などのトレース ・EPC Globalで仕様策定，ISOで標準化．UHF帯のタグ開発大幅に遅れ
TransferJet	・非接触ICカードと類似した近接のインタフェースで，動画を含むマルチメディア情報や大容量ファイルを高速に転送・蓄積（Touch&Getと呼ばれる）
ANT	・カナダのDynastream Innovations社が2005年頃に開発した超低消費電力短距離無線．国内では2011年頃からスポーツ（スポーツ用途の腕時計やランニングシューズの歩速計）やヘルスケア分野での利用が増加．ノルウェイのNordic Semiconductorなどがチップを開発 ・Bluetooth Low Energy（BLE）と競合

表3・3　NFCの通信仕様

使用周波数	13.56 MHzの周波数帯
通信距離	半径10 cmの双方向通信
通信速度	106～424 kbps（212 kbps）
変調方式	ASK 10 %
符号化方式	マンチェスター方式

表3・2にこれらの短距離無線の概要を示す．以下に主要な短距離無線の通信仕様について説明する．なお，ANTと競合するBluetoothの最新バージョンであるBLE（Bluetooth Low Energy）は，Bluetoothが当初無線PANとして標準化が開始されたため無線PANで述べる．ANT，BLEはともに2011年以降のスマートフォンの利用拡大に伴い，スポーツやフィットネス，医療向けに利用され始めている．

表3・3，表3・4，表3・5にそれぞれNFC，DSRC，TransferJetの通信仕様，表3・6にANTの想定応用，特徴，主要諸元を示す．

図3・1，表3・7にそれぞれRFIDの動作原理，周波数別の特性を示す．従来のRFIDの利用は13.56 MHzのものが多いが，世界的にはUHF帯の実用化への期待が高く，5 m強の通信距離に加え高い読取り精度を実現するための技術開発が進められている．しかし，UHF帯のRFIDは水分や金属に対する感度が高いこともあって開発が大幅に遅れ，2010年頃から徐々に実用化が開始された．RFIDには，UID（Unique Item iDentification）と呼ばれるタグを一意に識別するための読取り専用のIDと，利用者が書換え可能なユーザ領域（最大10 kB程度）がある．通常のタグは512 bit，特殊用途の大容量タグが64kbitである．UIDの商品については，非営利組織のEPC（Electronic Product Code）グローバルによって国際標準化が進められている．

3.3 無線PAN

(i) 無線PANの全体動向

無線PANの標準化は，2001年に活動を開始したIEEE 802.15 WGと，業界コンソーシアムにおいて進められてきた．技術開発で

表3・4 DSRC（日本のETC）の通信仕様（ARIB STD-T55）

周波数	5.8 GHz
送信周波数間隔	40 MHz
帯域幅	10 MHz
無線アクセス方式	TDMA-FDD
TDMA多重数	8以下（2，4，8で可変）
MAC方式	Adaptive Slotted ALOHA方式
通信方式	アクティブ，路側機：全二重，車載機：半二重
データ伝送速度	上り下りともに1 Mbps，4 Mbps
通信距離	数m～数百m
変調方式	ASK，$\pi/4$シフトQPSK
プロトコル	同期式

表3・5 TransferJetの特徴・主要諸元

想定用途	AV機器，PC周辺機器，携帯端末間での高品質AV通信
類似する他の規格	非接触IC技術
主な推進企業	ソニーが開発．パナソニック，日立，東芝，KDDI，キヤノン，ニコン，Kodak（米），サムスン電子（韓），ソニー・エリクソン（英）
対応チップの出荷時期	2010年
中心周波数と使用帯域	中心周波数：4.48 GHz 使用帯域：4.20～4.76 GHzの560 MHz
送信出力	-70 dBm/MHz EIRP以下（RBW $=1$ MHz） 国内における微弱無線に対応
変調方式	$\pi/2$ シフトBPSK， DS-SS（Direct Sequence - Spread Spectrum）
通信速度	最大560 Mbps，実効375 Mbps
通信距離	5～7 cm
接続トポロジ	1対1
アンテナ	誘導電界カプラ素子

3.3 無線PAN

表3・6 ANTの特徴・主要諸元

想定用途	ヘルスケア（歩数計，血圧計），スポーツ，腕時計やキーホルダー等への組込み．BLE（Bluetooth Low Energy）と競合
特徴ほか	・ZigBeeの1/10以下の消費電力．ボタン電池（CR2032）で1年間使用 ・1対1通信の組合せで，スター，ツリー，メッシュ状に構成が可能．最大64 000ノードをサポート ・ANTを採用したデバイスが相互に通信できるようにした共通仕様のANT+も規定 ・ソニー・エリクソン製のスマートフォン（iPhone）Xperia arcなどに搭載．パイオニアの自転車用ナビゲーションシステムに採用．スマートフォンのサポートが限られるため普及していない
諸元概要	・変調方式：GFSK ・通信方式：1 MHz帯域幅×78チャネル，TDD，Isochronousデータ転送 ・2.4 GHz帯，最大20 kbps，最大メッセージ長8 byte

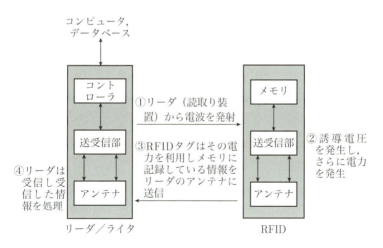

図3・1　RFIDの動作

表3・7 RFIDの周波数別の特性

	135 kHz未満	13.56 MHz	UHF (900 MHz付近の帯域)	2.45 GHz
アンテナの大きさ	やや大	やや大	やや小	やや小
通信方式	電磁誘導	電磁誘導	電波	電波
通信距離	～1 m	～1 m	～7 m	～2 m
指向性	広い(弱い)	広い(弱い)	シャープ(やや強い)	シャープ(強い)
オンメタル	△	×	△	△
対電磁ノイズ	×	△	○	○
対無線LAN	○	○	○	×
対水分	○	○	△	×
日本	○	○	○	○
米国	○	○	○	○
欧州	○	○	○	△

先行し業界コンソーシアムによって規格化された技術はいくつかあるが，その技術が普及する前に競合する技術がIEEE 802.15 WGにおいて標準化され，結局その標準が主流になったものが多い．図3・2に，IEEE 802.15 WGにおける各無線PANの技術開発，標準化の推移を示す．表3・8にIEEE 802.15 WGにおける主なTG（Task Group）の構成を示す．

これまで，IEEE 802.15WGでは，Bluetooth（IEEE 802.15.1）は2000年，省電力センサネットワーク（IEEE 802.15.4．ZigBeeで採用．）は2003年，ミリ波通信（IEEE 802.15.3c）は2008年，可視光通信（IEEE 802.16.7）は2011年，BAN（Body Area Network，IEEE 802.15.6）は2012年に基本仕様の標準化を終了している．

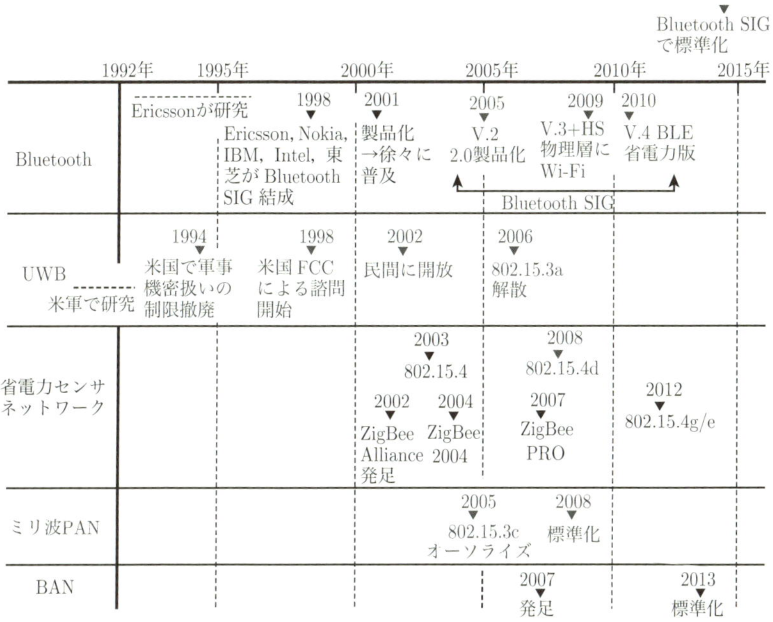

3.3 無線PAN

	1992年	1995年		2000年		2005年		2010年	2015年
									▼ Bluetooth SIG で標準化
Bluetooth	Ericssonが研究	Ericsson, Nokia, IBM, Intel, 東芝がBluetooth SIG結成	1998 ▼	2001 ▼ 製品化 →徐々に普及		2005 ▼ V.2 2.0製品化 ←	2009 ▼ V.3+HS 物理層に Wi-Fi Bluetooth SIG	2010 ▼ V.4 BLE 省電力版 ←	
UWB ------ 米軍で研究		1994 ▼ 米国で軍事機密扱いの制限撤廃	1998 ▼ 米国FCC による諮問開始		2002 ▼ 民間に開放		2006 ▼ 802.15.3a 解散		
省電力センサネットワーク					2002 ZigBee Alliance 発足	2003 ▼ 802.15.4 2004 ZigBee 2004		2008 ▼ 802.15.4d 2007 ZigBee PRO	2012 ▼ 802.15.4g/e
ミリ波PAN						2005 ▼ 802.15.3c オーソライズ		2008 ▼ 標準化	
BAN								2007 ▼ 発足	2013 ▼ 標準化

図3・2　IEEE 802.15における無線PAN標準化の変遷

UWBは標準化が不調に終わり，2006年に解散している．

BANは，患部やその症状の視覚化や診断，医療やヘルスケアなどへの応用を目指した人体との数cmという近距離の無線通信ネットワークである．可視光通信は，LED（Light Emitting Diode：発光ダイオード）や蛍光灯などの目に見える光を利用してデータ通信を行うもので，美術館での音声ガイドやショッピングモールでの商品情報の携帯端末への表示などの応用が考えられている．

業界コンソーシアムによって標準化された主な技術として，センサネットワークのZ-Wave，EnOceanと，1 Gbps以上の通信速度を目指したWirelessHD（WiHD），WHDI，WiGigがある．

表3・8 無線PAN LEEE 802.15の構成

TG	活動内容	対象ネットワーク等
15.1	1 Mbps以上	Bluetooth（Bluetooth SIGで2.0, 3.0, 4.0策定）
15.3	（High Rate）2.4 GH帯を利用した11〜55 Mbpsのデータ通信	2001年に標準化終結
15.3a	（High Rate, Alternative PHY）110 M〜1 Gbps	UWB（標準化できず2006年に解散），ISOのECMAにおいて2005年末に標準化
15.3c	（High Rate）ミリ波（60 GHz）帯で伝送速度2 Gbps以上	最大6.3 Gbps
15.3d	テラヘルツ波を利用した超高速通信	100 Gbps（データセンタ内のサーバ間ケーブルの代替など）
15.4	（Low Rate）40 kbps〜1 Mbps，省電力センサネットワーク	ZigBee（250 kbps），基本仕様は2003年
15.4a	（Low Rate）15.4のAlternative PHY，仕様の拡張と明確，測距機能付きセンサネットワーク	UWB
15.4b	（Low Rate）MAC層の改良（BOP方式とTD方式），ZigBeeの曖昧さの解決，複雑さの削減，セキュリティキーのフレキシビリティ向上	ZigBee（250 kbps）
15.4c	中国の周波数規制への対応	
15.4d	（Low Rate）15.4のAlternative PHY，UHF帯を用いたセンサネットワーク，パッシブRFIDとの共存用，日本対応	ZigBee（100 kbps，当初950 MHz，920 MHz帯に移行）
15.4e	Smart MeteringやFactory Automation, Asset Tracking, Sensor Control等のためのMAC層，省電力化，チャネルホッピング，GTS拡張，セキュリティ等について検討	15.4g（SUN），15.4f等のMAC層

3.3 無線PAN

15.4f	アクティブRFID	2.4 GHz (750 Kbps) 狭帯域, 433 MHz帯 (433.34 MHz-434.50 MHz, 1.16 MHz幅), UWB. 双方向通信可. 世界各国で利用可能. 通信速度250 Kbpsまたは32.25 Kbps
15.4g	SUN (Smart Utility Networks). スマートグリッド (省エネ次世代送電網) などで活用するデバイスの物理層	スマートメータによる遠隔検針など
15.4i	802.15.4の標準ドキュメントの改編. IEEE 802.15.4-2011	
15.4j	医療用BAN	
15.4k	LECIM (Low Energy Critical Infrastructure Monitoring)	100～40 kbpsで約15 kmの長距離を伝送 DS-SS, 900 MHz, 2.4 GHz帯を想定. 420/230 MHzで高信頼通信
15.4m	TVホワイトスペース	通信距離数km, 端末数数千, 通信速度20 k～2 Mbps. 物理層はFSK, OFDM, Narrowband OFDM
15.4n	中国医療用BAN	
15.4p	Positive Train Control	
15.4q	Ultra low Power	
15.5	メッシュネットワーク	UWBのMAC (802.15.3b) を用いたHigh Rate MeshとZigBeeで採用のMAC (802.15.4b) を用いたLow Rate Mesh
15.6	Body Area Network	狭帯域通信 (400 MHz, UHF帯), 2.4 GHz, UWB, 人体通信
15.7	Visible Light Communication (可視光通信)	
15.8	Peer Aware Communication	端末間直接通信
15.9	Key Management Protocol	

以下では，UWB，IEEE 802.15.3c が市場で利用される見込みがほとんどないため，仕様自体が IEEE 802.15 WG から Bluetooth SIG（Special Interest Group）に引継がれて以降利用実績が多い Bluetooth，省電力センサネットワーク ZigBee 向けの世界標準として有力視されている IEEE 802.15.4，医療用途向けに実用化が期待されている BAN，業界コンソーシアムの技術について述べる．

(ii) Bluetooth

1998年にエリクソン，ノキア，モトローラ（現グーグル），インテル，東芝の5社が業界団体の Bluetooth SIG を結成し，この SIG を中心に仕様の検討が行われた．1999年のバージョン1.0の公開後，物理層と MAC 層が IEEE 802.15.1 において標準化された．

その後は上位層を含めて再度 Bluetooth SIG においてバージョ

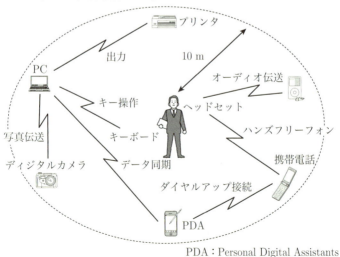

PDA：Personal Digital Assistants

図3・3　Bluetooth の利用イメージ（1998年）

3.3 無線PAN

ンアップが進められ，2004年には，それまでの通信速度（最大721 kbps）の約4倍の最大3 Mbpsの通信が可能なバージョン2.0 + EDR（Enhanced Data Rate）が承認された．2010年代に利用されているBluetoothの大部分はバージョン2.0 + EDRである．その後さらなる高速化を目指し，バージョン3.0 + HS（High Speed）が2009年に承認された．3.0 + HSでは，物理層とMAC層に無線LANを用い，最大通信速度を24 Mbpsとしている．図3・3にBluetoothの利用イメージ，表3・9に主要な通信仕様，図3・4に

表3・9 Bluetoothの通信仕様

周波数帯域	2.4 GHz ISMバンド
出力	クラス1：1 mW（半径約10 m）～100 mW（半径約100 m） クラス2：0.25 mW～2.5 mW クラス3：1 mW
変調方式	一次変調：GFSK，1 Mシンボル/s 拡散変調：FHSS（周波数ホッピング・スペクトラム拡散方式） 1 600ホッピング/s，79チャネル・ホッピング（1 MHz）
復調方式	TDD
データ転送速度	・Bluetooth 2.0/2.1 + EDR（Enhanced Data Rate）（2004年） 　非対称通信：下り2.2 Mbps，上り177 kbps 　対称通信：1.3 Mbps 　音声：SCO（Synchronous Connection-Oriented）/eSCO 　　　　リンク，非対称 　データ：ACL（Asynchronous Connection Less）リンク， 　　　　全二重 ・Bluetooth 3.0 + HS（2009年） 　最大24 Mbps，MAC層以下に無線LANを利用 ・Bluetooth 4.0（BLE：Bluetooth Low Energy， 　旧Wibree．）省電力版（2009年） 　1 Mbps，10 m（最大100 m）
同時通信端末数	1対n，8台/ch（piconet），32ch

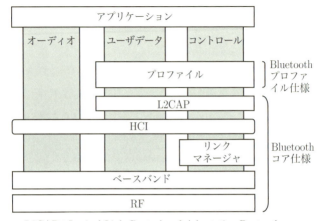

L2CAP：Logical Link Control and Adaptation Protocol
HCI：Host Controller Interface

図3・4　Bluetoothのプロトコルスタック

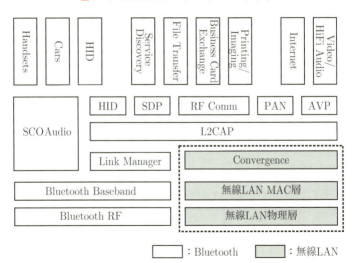

図3・5　Bluetoothと無線LANの融合概念図（Bluetooth3.0 + HS）

3.3 無線PAN

プロトコルスタック，図3・5にBluetooth 3.0 + HSと無線LANの融合概念図を示す．

バージョン3.0 + HSのハイエンド版に対して，ローエンド版に対応する省電力化を実現した仕様としてBLEを2009年に発表しBluetooth4.0として認定した．BLEは，2004年頃からBluetoothの推進企業でもあるノキアによってWibreeやBluetooth ULP（Ultra Low Power）の名で開発が進められた．BLEでは，バージョン3.0 + HS以前のBluetoothに比べて消費電力を1/10以下に削減し，短距離無線のANTと同様の応用形態を想定している．表3・10に

表3・10　BLEの仕様概要

使用周波数	2.4 GHz
通信速度	1 Mbps
通信距離	10 m（最大100 m）
特徴ほか	・携帯機器間での近距離データ通信，センサネットワークとしての利用も想定しBluetoothを低消費電力化．Bluetooth 4.0としてリリース ・シングルモード：省電力に特化したモードで，ボタン電池一つで数か月～1年程度のバッテリーライフ．腕時計，リモコン，体重計，歩数計，体温計，血圧計，心拍計等の機器向け．アイドル時に大幅に電力消費を削減 ・デュアルモード：これまでのBluetoothに省電力モードを追加．ホスト側に搭載することでシングルモードの機器と通信可能
類似規格	ANT（競合）
主な推進企業	ノキア，Bluetooth SIG参加企業．村田製作所がBLEモジュールの量産化を発表．Google Glass（眼鏡型ウェアラブル端末），スマートウォッチ（腕時計型ウェアラブル端末，カシオ等）で採用
対応チップの出荷時期	2013年

BLEの仕様概要を示す．BLEの特徴的な応用として，スマートフォンの位置情報を特定し，ロケーションに合わせて必要な情報を配信するiBeaconと呼ぶマーケティングツールがある．ANTとBLEは，互いに競合する短距離，単一ホップのセンサネットワークである．

Bluetoothは，中央のハブと1対1のリンクにより接続されたノードの集合から構成される，スター型トポロジを基本とする．基地局に相当するハブとなるノードをマスタ，末端のノードをスレーブと呼び，通信はマスタ-スレーブ間の主従関係に基づいて行われる．一つのマスタに対して最大七つのスレーブまで同時に接続することができる．しかし，実際の利用では大部分がマスタ対スレーブ＝1対1の通信である．

Bluetoothのプロトコルは，携帯電話や高機能端末等とその周辺機器間とを接続するために規格化され，多種多様な機器間の接続にかかわる物理的，論理的な仕様を規定したコアシステム仕様と，その上位における情報のやりとりを規定するプロファイル仕様から構成される．表3・11にBluetoothの主なプロファイルを示す．

(iii) 省電力センサネットワーク用 IEEE 802.15.4 と ZigBee

IEEE 802.15.4は，国際標準の省電力センサネットワークZigBeeの物理層とMAC層の標準として採用されており，ZigBeeと合わせて説明する．ZigBeeは，適用領域を工場，ビル，ホームとし，2010年頃の本格的な実用化が期待されたが，通信機能を備えたセンサのサイズや価格，通信性能，信頼性などの面で実用例は少ない．

(1) ZigBeeの概要

図3・6にZigBeeの家庭における利用イメージ，図3・7にプロトコルスタックを示す．アプリケーションの作成はユーザに任され，

3.3 無線PAN

表3・11 Bluetoothの主なプロファイル

基本プロファイル	・デバイス認識 ・サービスディスカバリ（プラグ＆プレイ）
TCSベース・プロファイル	・コードレステレフォニー（コードレス機多者電話） ・インフォコム（コードレス子機同士通話）
シリアルポート・プロファイル	・ダイヤルアップ接続　　・FAX ・ヘッドセット　　　　　・LANアクセス ・ハンズフリーフォン
オブジェクト交換プロファイル	・ファイル転送　　　　・オブジェクト送受信 ・端末間データ同期　　・静止画伝送と遠隔カメラ操作 ・カーナビからの携帯電話操作
AV同期プロファイル	・ストリーム配信　　　・AV機器遠隔操作 ・高品質音声伝送　　　・テレビ会議
その他	・PAN（piconet）　　　・マウス，キーボード操作 ・無線プリンタケーブル・位置情報通知

TCS：Telephony Control Protocol Specification

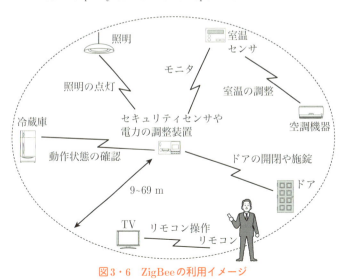

図3・6　ZigBeeの利用イメージ

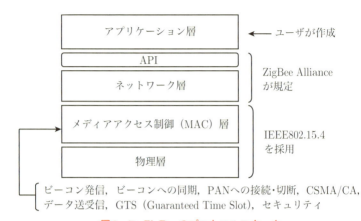

図 3・7　ZigBee のプロトコルスタック

表 3・12　ZigBee の主な標準アプリケーション・プロファイル

プロファイル名	概要
HA（Home Automation）	ホームネットワーク向け，SEP と連携へ
BA（Building Automation）	ビル管理向け
IPM（Industrial Plant Monitoring）	工場管理向け
ZSE（ZigBee Smart Energy）	省電力制御向け（当面，遠隔検針等）
WSA（Wireless Sensor Network Application）	大規模環境モニタリング，資産管理，機械器具モニタリング向け
TS（Telecom Service）	携帯電話を利用した各種サービス向け
AMI（Advanced Metering Infrastructure）	電力，水道，ガスの各メータの読取向け
PHHC（Personal Home Health Care）	健康モニタリング向け
RC（Remote Control）	リモコン（RF4CE：Radio Frequency for Consumer Electronics）
RS（Retail Service）	ショッピングモール等の小売サービス

これらのほかに，インプットデバイス，3D シンク，ライトリンクについても検討

3.3 無線PAN

アプリケーションの下位からネットワーク層までは業界コンソーシアムのZigBee Allianceで規定される．表3・12にZigBeeの主な標準アプリケーション・プロファイルを示す．

(2) デバイスタイプとネットワーク構成

ネットワークを構成するノードには，センサデータを収集するコーディネータ，中継を行うルータ，センサに相当するエンドデバイスの3種類がある．デバイスタイプとして，センサデータの収集または中継機能を有するFFD（Full Function Device）と，この機能をも

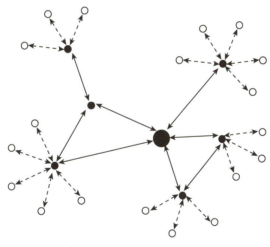

● ：ZigBeeコーディネータ（FFD）
● ：ZigBeeルータ（FFD）
○ ：ZigBeeエンドデバイス（RFD）＝センサ

⟷ ：メッシュリンク
⬸⬷ ：スターリンク

　ルーティングを行うのはZigBeeコーディネータとZigBeeルータすなわちFFDのみ．ルーティングアルゴリズムはツリー型かAODV（IETF MANET WGで標準化されたリアクティブ型プロトコルの一つ）

図3・8　ZigBeeのネットワークモデル

たないRFD（Reduced Function Device）の2種類がある．コーディネータとルータはFFDで構成される．図3・8にZigBeeのネットワークモデルを示す．

(3) IEEE 802.15.4の物理層

物理層の仕様を表3・13に示す．送信出力1 mW 程度でも数十mの通信距離が確保できるため，ほとんどの製品では1 mW程度の出力に抑えられる．物理層のペイロードの最大長は127バイトである．

(4) IEEE 802.15.4のMAC層

チャネルアクセスモードには，ビーコンモードとノンビーコンモードがある．ビーコンモードでは，コーディネータがビーコンモード信号を定期的に送信し，他のノードはビーコン信号に同期して動作

表3・13　ZigBeeの物理層の仕様

	仕様	備考
周波数帯	2.4 GHz, 920 MHz	
チャネル数	16	
変調方式	O-QPSK	
拡散方式	DS-SS	無線LANのIEEE 802.11bの基となった方式
シンボルレート（kchip/sec）	62.5	拡散前の変調信号速度
チップレート（kchip/sec）	2 000	拡散後の変調信号速度
データレート（kbps）	250	理論上の最大通信速度
PN符号列長（chip）	32	拡散率
送信出力（dBm）	−3以上	日本の規制は最大10 mW/MHz
受信感度（dBm）	−85以下	正しく受信するために必要な最低電波強度

する．したがって，ビーコンモードでは，コーディネータを中心とするスター型のリングが形成される．全ノード間での正確な同期制御が困難になるため大規模なネットワークには適さない．一方，ノンビーコンモードでは，同期をとって通信は行わず，各ノードはいつでも送受信が可能である．送信待ちがない分スループットは高くなるが，スリープできないため消費電力が大きくなる．

ノンビーコンモードでは，通信はすべてCSMA/CA（Carrier Sense Multiple Access/Collision Avoidance, 搬送波検知多重アクセス衝突回避）で行われる．ビーコンモードでは，図3・9のように，CSMA/CAによってチャネル獲得を競争する期間（CAP：Contention Access Period）と，センサノードにタイムスロット（GTS：Guaranteed Time Slot）を割り当てる，すなわちTDMA（Time Division Multiple Access）により優先的に通信できる期間（CFP：Contention Free Period）に区切られる．GTSを適切に割り当てることによって，末端のセンサからのデータの発生頻度に応じた通信性能や消費電力の制御を行うことができる．

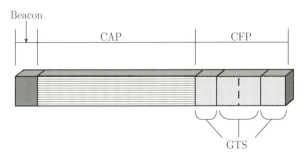

スーパーフレーム：BI（Beacon Interval）内のアクティブ期間

図3・9　IEEE 802.15.4のビーコンモードにおけるスーパーフレームの構造

(ⅳ) BAN

医療やヘルスケアにおいて，患部やその症状の視覚化などへの応用を目指した，人体との数cm（仕様上は最大3m）という近距離のセンサネットワークである．着脱式のボディセンサやスポーツ/フィットネス機器など身に着ける機器（ウェアラブル機器）を対象とする場合と，体内埋込み（インプラント）型医療機器を対象とする場合を想定している．例えば，帯域幅が高い機器の場合には網膜移植のデータの送信，帯域幅が低い機器の場合には，義肢を使用する際のストレスの追跡や，心拍数の因子を測定するセンサとの接続といった用途を想定している．

図3・10にBANのイメージを示す．医療，ヘルスケア，フィッ

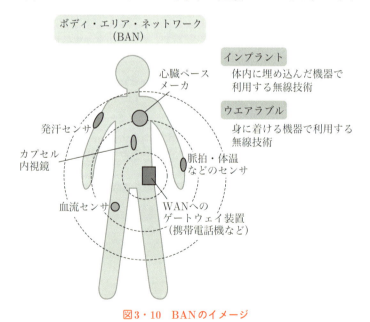

図3・10　BANのイメージ

3.3 無線PAN

トネスなどの分野以外にも音楽コンテンツを携帯プレーヤーとワイヤレス・ヘッドフォンなど身の回りの携帯機器間でやりとりするなどの用途も想定されている.

物理層では，400 MHz帯（埋込み型除細動器用）から2.4 GHzまでの周波数を用いた狭帯域通信，3.1～10.6 MHzのUWBを利用した超広帯域通信，人体を信号の伝送媒体として用いる人体通信の3種類が規定されている．最大約3 mにおける最大10 Mbpsの通信が可能である．UWBが一標準になっているのは，体内の異常部検知などに適したUWBのもつインパルス無線の特性による．表3・14にIEEE 802.15.6物理層の通信方式の比較を示す．

MAC層は物理層の三つの方式と共通であるが，特徴として下記が挙げられる．

・強固なセキュリティと緊急データ伝送が基本仕様として規定さ

表3・14 IEEE 802.15.6物理層の通信方式

狭帯域無線 (Narrow Band)	・伝送誤りへの耐性を確保した伝送信頼性保証通信 ・低消費電力のための変調方式，符号化/検波方式（電池駆動を想定，周波数変調/位相変調） ・国際的に利用可能な周波数帯（400 MHz帯, 900 MHz帯, 2.4 GHz帯）
超広帯域無線 (UWB)	・最大伝送速度8.8 Mbpsのストリーミングサポートがあり，身体の周りでの画像などの大量伝送が可能 ・3.1～10.6 GHz帯（既存無線システムが利用する周波数帯においても，極めて低い送信電力密度で通信することで周波数共有を実現）
人体通信(HBC)	・静電界通信（波長に対して伝送距離が短いため放射電磁界ではなく静電界によって無線通信を行う） ・中心周波数は，21/32 MHz．日本国内での利用では微弱無線局に位置づけられる ・携帯電話利用者同士の接続などでの利用を想定

れている．
・通信方式がCSMAとTDMAのハイブリッド方式であり，ベストエフォト型と伝送信頼性保証型の送受信をバランスさせうる．
・データ送信の優先度を指定できる．

　これらのMAC層の機能により，①ハブ（データ収集先のシンクノード）主導でセンサ群とデータのやりとりを行うためのビーコン方式，②センサ主導でデータのやりとりができるノンビーコン方式，③ハブとセンサの送信機会を保証する周期アクセス，④無線の種類によって身体の前後の通信が困難な場合の2ホップ通信構成，⑤無線干渉回避のための周波数切替えとタイムシェア，⑥データの秘匿と改ざん防止のためのセキュリティ機能を選択的に利用できる．

　図3・11にIEEE 802.15.6の物理層とMAC層の構成と特徴を示す．

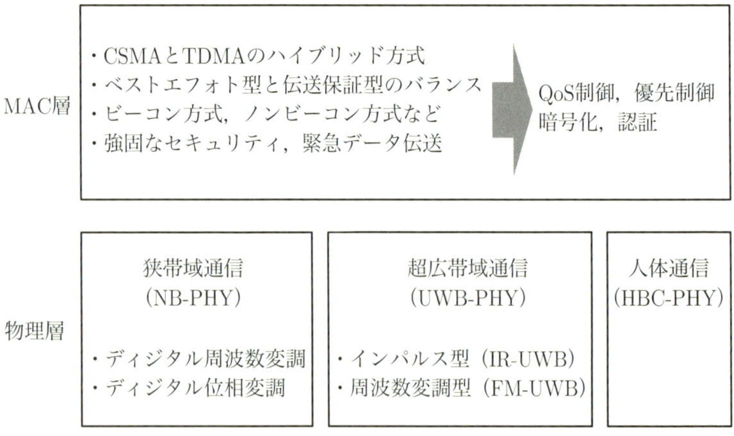

MAC層	・CSMAとTDMAのハイブリッド方式 ・ベストエフォト型と伝送保証型のバランス ・ビーコン方式，ノンビーコン方式など ・強固なセキュリティ，緊急データ伝送	⇒ QoS制御，優先制御 暗号化，認証
物理層	狭帯域通信（NB-PHY） ・ディジタル周波数変調 ・ディジタル位相変調	超広帯域通信（UWB-PHY） ・インパルス型（IR-UWB） ・周波数変調型（FM-UWB）	人体通信（HBC-PHY）

図3・11　IEEE 802.15.6物理層とMAC層の構成と特徴

3.3 無線PAN

(v) 業界コンソーシアムによる無線PAN

(i)で述べたように，ベンチャ企業の先行開発に基づいて業界コンソーシアムによって規格化された無線PANがいくつかあるが，普及に至ったものはほとんどない．表3・15と表3・16に，各PAN

表3・15　主な非IEEE 802系の無線規格（ギガビットワイヤレス）

規格/団体の名称	WirelessHD（WiHD）	WHDI
想定用途，特徴	・家庭のAV機器間で非圧縮のHDTV動画を伝送するためのインタフェース．HDMIの無線版 ・IEEE 802.15.3cより省電力 ・アレイアンテナを用いビームステアリングでビームの方向を制御 ・機器同士が自動認識，全機器を一つのリモコンで操作	・家庭のAV機器間で非圧縮のHDTV動画を伝送するための無線インタフェース ・ミリ波帯による通信よりも通信距離が長く，壁越し部屋間の通信も可能 ・フル1 080p（1 920×1 080画素）で60フレーム/秒のHD映像を処理 ・著作権保護技術としてHDCP（High-bandwidth Digital Content Protection）2.0を採用
類似規格	IEEE 802.15.3c，WHDI，WiGig	IEEE 802.15.3c，WirelessHD，WiGig
諸元	60 GHz（7 GHz幅），NLOSで通信距離10 m，最大4 Gbps	5 GHz（40 MHz幅），通信距離30 m以上，最大3 Gbps，遅延1 ms以下
主な推進企業	SiBEAM（米），パナソニック，NEC，ソニー，東芝，インテル，LG電子（韓），サムスン電子（韓）	Amimon（イスラエル），モトローラ，フリースケール，ソニー

(*)　表内以外に2009年5月にインテル，マイクロソフト，ノキア，デル，サムスン電子，LG電子，パナソニック，NECなど15社以上の企業が参加するWiGigが発足．60 GHzのミリ波帯で7 Gbpsを目指し，無線LANのIEEE 802.11adへの提案母体として活動．

表3・16 主な非IEEE 802系の無線規格(センサネットワーク)

規格/団体の名称	Z-Wave	EnOcean	ONE-NET
想定用途	・ホームオートメーション,センサネットワークに特化 ・1対1通信が主 ・欧米では1 500以上利用されているが,日本では周波数で認可されていない	・センサネットワーク(ビル管理/BEMS,車載センサ,環境・交通システム監視,健康管理等) ・欧米ではショッピングモール等で利用	家庭やSOHO,小規模事業所における設備機器の遠隔制御
類似規格	IEEE 802.15.4	IEEE 802.15.4	IEEE 802.15,ECHONET
諸元	900 MHz,通信距離約30 m,9.6 k/40 kbps,最大232ノード.物理層からアプリケーション層までを規定	315 MHz(米,日),868 MHz(欧),125 kbps,ZigBeeの1/10以下の消費電力	868〜915 MHz等のISM帯
主な推進企業	Zensys(デンマーク.パナソニックが出資.後にシグマデザインが買収),シスコ,インテル	シーメンスAG(独)	Analog Devices(米),Integration Associates(米),Micrel(米),RF Monolithics(米),Sematech(米),TI(米),Threshold(米),ルネサステクノロジー

の用途,特徴,通信仕様の概要を示す.

3.4 無線LAN

(i) 無線LANの全体動向

無線LANは，1990年に発足したIEEE 802.11 WGによって標準化が進められてきた．2000年代のIEEE 802.11b，IEEE 802.11a，802.11gの普及を経て，さらに高速なIEEE 802.11n，続いてIEEE 802.11ac/adが標準化された．2010年代半ばには，IEEE 802.11gに代わってIEEE 802.11nの利用が増大し，IEEE 802.11ac/adの製品化が進められている．

IEEE 802.11 WGでは，進化する多様な通信媒体（物理層に対応するIEEE 802.11bからIEEE 802.11ac/adまで）に対して共通のMAC層を基本方針としている．図3・12に無線LANに関する標準化の経緯，表3・17に無線LANの標準化を進めているIEEE 802.11

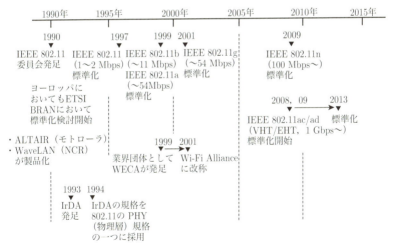

図3・12　IEEE 802.11における標準化の経緯

表3・17 IEEE 802.11におけるタスクグループの構成

a	5 GHz帯,最大54 Mbpsの無線LAN(OFDM)	終了
b	2.4 GHz帯,最大11 Mbpsの無線LAN(CCK)	終了
c	EthernetのMACブリッジ(802.1d)に無線LANのMAC仕様を追加	終了
d	2.4 GHz帯,5 GHz帯が利用できない地域向けのMAC,物理レイヤ仕様	終了
e	QoS制御(AV通信向け,優先制御のEDCAと品質保証のHCCA)	終了
f	ローミング(アクセスポイント間プロトコル)	終了
g	2.4 GHz帯,最大54 Mbpsの無線LAN(OFDM)	終了
h	11aに省電力管理と動的チャネルを追加(欧州向け仕様)	終了
i	セキュリティレベルの高度化(802.11eから分離,TKIPやAESを追加)	終了
j	日本における4.9 GHz〜5 GHz利用のための仕様策定	終了
k	無線資源の有効活用の研究(Radio Resource Measurement)	終了
m	802.11aと802.11b仕様の修正等	
n	高速無線LAN(100〜600 Mbps,802.11a/b/gと下位互換,20/40 MHz幅の周波数チャネル,MIMO適用)	終了
p	車などの移動体環境(ITS)における無線アクセス(IEEE802.11aのハーフレート,時速200 km・通信距離1 kmが目標)	終了
r	高速ローミング(階層鍵構成で802.1x認証手順を省略,ローミング前に鍵設定を完了しリソースを予約)	終了
s	メッシュネットワーク(経路制御,輻輳制御,ビーコンフレーム衝突回避,自動周波数設定,セキュリティ,省電力,相互接続)	終了
T	テスト手法(仕様はIEEE802.11.2),性能予測	中止
u	無線LANと他のネットワークとの相互接続,3GPP/3GPP2との相互接続を検討	終了
v	無線ネットワーク管理.アクセスポイントMIB,端末の省電力化規格等	終了
w	保護された管理フレーム,11kと連携	終了
y	競合ベースプロトコル(米国における3.5 GHz帯への対応)	終了

3.4 無線LAN

z	802.11eで規定された端末間直接通信方式の拡張	
aa	高速映像ストリーミング向けの物理層とMAC層．マルチキャストビデオ伝送．Ethernetのビデオ伝送規格であるIEEE 802.1AVBとも整合	
ac	6 GHz以下の周波数帯を用い通信速度1 Gbps以上の次世代高速無線LAN（VHT）	終了
ad	60 GHzの周波数帯を用い通信速度1 Gbps以上の次世代高速無線LAN（EHT）	終了
ae	管理フレームのQoS	
af	TVホワイトスペース．5 MHz幅のOFDMがベース．端末がチャネルの空き状況を判断するための機能とプロトコルを規定．周波数帯域は430 MHz〜700 MHz，通信速度は最大35.6 Mbps	
ah	サブギガヘルツ（1 GHz以下，900 MHz帯を想定，日本では920 MHz）帯のOFDM物理層（高信頼化のため105 dBパスロス対応）とMAC層．150 kbps〜78 Mbps，最長1 km．スマートグリッド（最大6 000ノードを想定），ITS，環境モニタリング，HEMS/BEMS，ホームエンターテインメント，ヘルスケア，センサネットワークのバックホール，産業用プロセス制御等に拡がったが，アクセスネットワーク，バックホールネットワーク，無線LANの通信距離拡大の三つのカテゴリに集約．省電力を指向	
ai	高速初期リンク設定（高速接続・認証）．無線LANのホットスポット等のノマディック利用向け	
aj	IEEE 802.11adの中国仕様	
ax	IEEE 802.11acの後継（旧IEEE 802 HEW）．無線LANが高密度に設置された環境における通信効率改善を目指す	

HEW：High Efficiency Wireless LAN

　　　　　　：物理層の主要仕様　　　　　：MAC層の主要仕様

WGのタスクグループ（TG）構成を示す．

2010年代半ば以降注目されている，ともに物理層とMAC層を対象とするTGとして，センサネットワークやスマートグリッド等を標榜するIEEE 802.11ahとTVホワイトスペースを対象とする

IEEE 802.11afがある.

IEEE 802.11ahは，サブギガヘルツ（1 GHz以下900 MHz付近，国内では920 MHz）を利用した屋外センサネットワークとして議論が開始された．センサの収容から省電力化，高信頼通信，スマートグリッドへの展開（数十分ごとの小トラフィックのメータ情報収集を想定し，最大アソシエーションID数を従来の2 007から6 000に拡張）のシナリオを中心に検討を進めた．伝搬チャネルモデルとしては，屋外では3GPPのSCM（Spatial Channel Model），屋内ではIEEE 802.11n，IEEE 802.11acも想定している．

IEEE 802.11afは，5 MHz幅のOFDM，最大13.5 Mbps，300〜800 MHz帯でのコグニティブ無線技術を活用し通信距離もkmオーダを目指している．TVホワイトスペースについては，IEEE 802.11afのほかにも，IEEE 802.22（地域無線ネットワーク），802.19.1，802.16，802.15.4 m，1900.4/SCC41においても議論されており，表3・18に主な活動における仕様を示す．IEEE 802.11afでは，IEEE 802.22における検討を受けて，スーパーWiFiを推奨している．スーパーWiFiは，Mbpsオーダの通信速度で数100 m〜数kmの通信距離を目指し，IEEE 802.11g，802.11nの無線LANとWiMAXとの中間的な仕様となっている．テレビ放送との干渉が課題である．

(ii) 無線LANの物理層

(1) 物理層標準化の経緯

IEEE 802.11 WGでは，検討開始から7年後の1997年にIEEE 802.11，1999年にIEEE 802.11bとIEEE 802.11aを標準化した．IEEE 802.11bでは，変調方式としてDS-SSを高速化したCCK（Complementary Code Keying）を採用した．2001年には，IEEE

3.4 無線LAN

表3・18 TVホワイトスペース向けブロードバンド（802.11af）

	IEEE 802.22	IEEE 802.15.4 m	IEEE 802.11af
使用周波数	54〜862 MHz	54〜862 MHz	175〜862 MHz
通信速度	4.54〜22.7 Mbps（6 MHz幅）	40k〜2 Mbps	1.5〜600 Mbps（5 MHz幅）帯域幅が6/7 MHzでは20〜30 Mbps
最大端末収容数	512	―	512
帯域幅	6/7/8 MHz	―	5/10/20/40 MHz
変調方式等	OFDM，OFDMA	FSK，OFDM，Narrowband OFDM	BPSK，QPSK，CCK，OFDM，MAC層はCSMA/CA
通信距離	半径約30 km	―	WiFiの数倍（100〜500 m）
対象機器	固定機器	―	モバイル機器，パケットトラフィックのオフロードにも期待
主な用途	ルーラル地域向け無線ブロードバンド	―	スーパーWiFi（長距離無線LAN）

802.11bと互換性を保持しながら高速化するため，IEEE 802.11bと同一周波数の2.4GHz，IEEE 802.11aと同じOFDMを採用したIEEE 802.11gを標準化した．

2003年以降HT（High Throughput）の名で，2.4/5 GHzを利用しMAC-SAP（Service Access Point：MAC層の上位）での実効通信速度100 Mbps以上，最大600 Mbpsを目指したIEEE 802.11nの検討を行い，2008年に標準化した．その後さらなる高速版として，VHT（Very High Throughput）/EHT（Extreme High Throughput）の名でIEEE 802.11ac/adの検討を進め，2013年に標準化した．IEEE 802.11acは5 GHz，IEEE 802.11adはミリ波の60 GHzを

利用し，ともにハイビジョン映像を非圧縮で通信するのに必要とされる1.5 GHz以上の通信速度で主にホームネットワークとしての利用を目指している．

　IEEE 802.11ac/adは，無線PANのUWBの標準化の不成功，IEEE 802.15.3c（ミリ波通信）に対する多くの企業の不満で次々に発足したWirelessHD，WHDI，WigGig（表3・15）などの業界コンソーシアムの動きの影響を受けている．IEEE 802.11ac/adは無線LANの豊富な利用実績の強みを生かしているが，通信距離が30 m以下である．IEEE 801.11n以前の無線LANのような50 m以上の通信はできないため，IEEE 802.11nの後継ではなく，ネットワーク層としてIPの利用を前提とした無線PAN相当である．

　表3・19にIEEE 802.11b，802.11a，802.11g，802.11n，802.11ac/adの比較を示す．表3・20にIEEE 802.11gにおける伝送速度と変調方式の対応を示す．伝送速度と変調方式の関係については，伝送速度の速い順から変調の原理に基づきQAM，QPSK，BPSKとなっている．例えば，よい通信環境でQAMを使って通信を行っているときに何らかの原因で通信環境の悪化が起こるとQPSK，さらに悪化するとBPSKに変調方式を変化させていく．

(2) IEEE 802.11nの物理層

　表3・21にIEEE 802.11nの主要な諸元をMAC層も含めて示す．物理層では，IEEE 802.11a，802.11gで採用されているOFDMに加えて空間多重技術MIMO，チャネルボンディング（マルチバンド技術），送信ビームフォーミングの技術を導入している．チャネルボンディングは，二つ以上のバンドを束ねて使用することで高速化を図るものである．IEEE 802.11b，802.11a，802.11gでは20 MHz帯域が基本バンドとなっているが，IEEE 802.11nでは20

3.4 無線LAN

表3・19 無線LAN IEEE 802.11b，a，g，n，ac/adの比較

	IEEE 802.11b	IEEE 802.11a	IEEE 802.11g	IEEE 802.11n	IEEE 802.11ac/ad
標準化時期	1999年	1999年	2001年	2009年	2013年
通信速度	最大11 Mbps（実効約4 Mbps）	最大54 Mbps（実効約25 Mbps）	最大54 Mbps（実効約25 Mbps）	100〜600 Mbps（実効も同程度）	1 Gbps以上
使用周波数	2.4 GHz	5 GHz	2.4 GHz	2.4 GHz 5 GHz	5 GHz（ac） 60 GHz（ad）
変調方式	CCK（DS-SSの拡張）	OFDM	OFDM	OFDM＋MIMO	OFDM＋MU-MIMO（ac）
電波距離	◎（一般に約100 m）	△（一般に100 m以下）	○（一般に100 m以下）	○（一般に100 m以下）	○（一般に100 m以下）
屋外仕様	○	×	○	×（5 GHz） ○（2.4 GHz）	―
利用環境	・屋内外 ・低速，安価で普及 ・遮へい物による減衰小	・屋内 ・端末数が多い ・遮へい物による減衰大	・屋内外 ・端末数が少ない ・802.11bの上位互換で802.11bの端末と共存 ・遮へい物による減衰小	・屋内外 ・802.11b/a/gの上位互換 ・ホームネットワークなどで期待	・主として家庭内用 ・ハイビジョン映像の非圧縮通信を目指す．

国内における同時使用については，2.4 GHz帯では最大3チャネル，5 GHz帯では最大19チャネル

MHz幅を二つ束ねて40 MHz幅で通信することも可能である．
表3・22に，フレーム・フォーマットと周波数帯域との組合

表3・20　IEEE 802.11gにおける伝送速度，変調方式

伝送速度(Mbps)	変調方式	符号化率	1サブキャリヤで伝送できるbit数	1シンボルで伝送できるbit数	1シンボルで伝送できるデータのbit数
6	BPSK	1/2	1	48	24
9	BPSK	3/4	1	48	36
12	QPSK	1/2	2	96	48
18	QPSK	3/4	2	96	72
24	16-QAM	1/2	4	192	96
36	16-QAM	3/4	4	192	144
48	64-QAM	2/3	6	288	192
54	64-QAM	3/4	6	288	216

表3・21　IEEE802.11nの主要諸元

変調方式，多重化方式	・OFDMのサブキャリヤでBPSKから64 QAMまでの多値変調方式 ・空間多重技術MIMOが基本構成 ・二つ以上のバンドを束ねて使用するチャネルボンディングで高速化（IEEE802.11a/bでは20 MHz帯域が基本バンド）
利用周波数帯	2.4 GHz/5 GHz
高周波数利用効率	1 Hz当たり3ビット以上
PPDUフォーマット	non-HT（レガシー），HT mixed（下位互換），HT greenfield（802.11n同士間）
誤り訂正符号	LDPC（低密度パリティチェック符号）
MAC層	Frame Aggregation，Block ACK，PSMP等

BPSK：Binary Phase Shift Keying
QAM：Quadrature Amplitude Modulation
LDPC：Low Density Parity Check
PSMP：Power Save Multi Poll

3.4 無線LAN

表3・22　802.11nにおけるフレーム・フォーマットと周波数帯域との組合せ

フレーム・フォーマット/ストリーム数		周波数帯域（20/40 MHz幅）		
		20 MHz幅		40 MHz幅
フレーム・フォーマット	ストリーム数	GI = 800 ns（必須）(Mbps)	GI = 400 ns (Mbps)	GI = 400 ns (Mbps)
レガシー(802.11a/g)	1空間ストリーム	54	サポートされない	サポートされない
802.11n	1空間ストリーム（1×1）	65	72.2	150
	2空間ストリーム（2×2）	130	144.2	300
	3空間ストリーム（3×3）	195	216.7	450
	4空間ストリーム（4×4）	260	288.9	600

① 最高スループットは，理論的には空間ストリーム数と周波数帯域で定義される．
② 必須項目のガード・インターバル(GI)は，800 ns(ナノ秒)．
③ 11nの符号化率は5/6を適用して算出．
④ キャリヤ数の増加，GIの縮小，符号化率の拡張により，1空間ストリームでも従来より速度が向上．
⑤ 「n×m」は，送受信系統の最小構成単位．n/mの値が空間ストリーム数より大きくなると，通信の安定性が向上する．

せを示す．IEEE 802.11nの変調方式は表3・19に示したIEEE 802.11gと同じであり，IEEE 802.11nとしてのさらなる高速化は，表3・21のようにMIMOとチャネルボンディングによって実現される．最大通信速度の600 Mbpsは，MIMOを用いた4ストリームで40 MHz幅によって通信する場合に可能となる．

　送信ビームフォーミングは，送信時にアンテナ方向を制御するこ

とで電波を効率的に送り，端末で各信号の位相が合うようにして受信信号の強度を最大化する技術である．指向性アンテナを代替する働きがあり，アクセスポイント（Access Point，AP）から離れた場所でのデータ通信速度を高めることができる．受信側はアンテナを一つだけ使用するため，障害物や反射波がない環境で有効であるが，MIMOのメリットを損なう使い方になる．位相の調整には送信側は受信側からのフィードバックが必要であり，IEEE 802.11n対応の端末でのみ利用可能である．

　誤り訂正符号技術については，IEEE 802.11a，802.11gでは拘束長7の畳込み符号が採用されてきたが，IEEE 802.11nでは畳込み符号よりも訂正能力の高いLDPCを採用している．

(3) IEEE 802.11ac（5 GHz帯ギガビット無線LAN）の物理層

　IEEE 802.11acは，IEEE 802.11nを基にし，表3・23のようにIEEE 802.11nの各数値を大きくした仕様となっている．MU-

表3・23　IEEE 802.11acの通信仕様

物理層	・最大通信速度：仕様上は6.9 Gbps ・最大スループット：エリア全体1 Gbps以上，端末当たり500 Mbps以上 ・チャネル帯域の拡大（40 MHz→80 + 80 MHzおよび160 MHz） ・空間多重度の拡大（最大4 × 4 MIMO→8 × 8 MIMO，二つ以上の空間ストリーム） ・下り方向でマルチユーザMIMO（MU-MIMO）導入 ・1シンボル当たりの送信情報の拡大（64 QAM→256 QAM） ・400 nsの短いガードインターバル ・STBC（Space Time Block Code，時空間ブロック符号化．MIMOにおいてダイバーシティ利得が得られる．） ・誤り訂正符号でLDPCを採用
MAC層	・フレームアグリゲーション機能を拡張（最大フレーム長64 kbyte→1 Mbyte）

3.4 無線LAN

MIMOによって,仮想的に大規模(基地局と複数端末のアンテナ素子数が多数)なMIMOチャネルが構成でき,システム全体での通信速度を向上,すなわちシステム容量を増大させることが可能となる.

IEEE 802.11acでは,HDTVコンテンツの家庭内配信,ワイヤレスディスプレイ(室内ゲーム,会議室でのテレビやプロジェクタへの投射),サーバとの大容量ファイルのダウンロード/アップロード,バックボーンのトラフィック収容,キャンパスや講堂での配信,製造現場における各種自動化などの応用を想定としている.

(4) IEEE 802.11ad(60 GHz帯ギガビット無線LAN)の物理層.

IEEE 802.11adはIEEE 802.15.3cの仕様をベースとし,業界コンソーシアムのWiGig(40社強が参加)での検討に基づき標準化を進めた.IEEE 802.11adの特徴は,

- シングルキャリヤとOFDMの2方式
- 誤り訂正符号でLDPCを採用
- 暗号方式でAES-GCMP(Advanced Encryption Standard - the Galois/Counter Mode Protocol. AESのハードウェア処理をさらに高速化.)を採用
- アダプティブアレイアンテナを用いてビームフォーミング(10 m以上の伝送を可能に)
- 競合アクセス期間(CSMA/CA)と非競合アクセス期間(スケジューリング)を組み合わせた使用が可能
- 低消費電力機器と高性能機器の双方に対応

などである.想定応用も,HDTVコンテンツの家庭内配信やワイヤレスディスプレイ,高速ファイル転送,パソコンと周辺機器との接続などIEEE 802.11acと同様である.

60 GHz帯を利用するIEEE 802.11adは,同じ周波数帯のIEEE

802.15.3cを置き換えるものとなるが，実装については，無線LANの将来像として一つのAPで2.4 GHz（IEEE 802.11b，802.11g，802.11n），5 GHz（IEEE 802.11a，802.11n，802.11ac），60 GHz（IEEE 802.11ad）の使い分けが可能なトライバンドWiFiを視野に入れている．

(iii) 無線LANのMAC層

無線LANにおけるMAC層の制御は，IEEE 802.11 DCF（Distributed Coordination Function）というしくみで行われる．DCFでは，CSMA/CA方式を用いた自律分散型のチャネルアクセス制御を行う．DCFの動作例を図3・13に示す．

DCFでは，送信者は他の送信データとの衝突を回避するため，

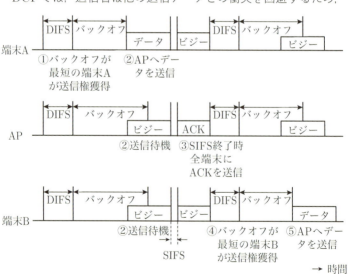

DIFS：Distributed Inter Frame Space
SIFS：Short Inter Frame Space

図3・13　DCFの動作例

3.4 無線LAN

データフレームを送信する前にバックオフと呼ぶランダムな時間だけ待ち，その後，チャネルが利用されていないことを確認しデータフレームを送信する．データフレームを受け取った受信者は受信成功を示す肯定応答ACK（Acknowledgement）を送信する．送信者はACKを受信することにより，通信が成功したと判断する．フレームの衝突や雑音等に起因する送信誤りによりACKを受信できなかった場合，送信者はネットワークが輻輳していると判断し，平均バックオフ期間を長くしてフレームを再送する．このバックオフの制御は，binary exponential backoffと呼ばれ，有線LANのEthernetにおける制御と同じである．

利用者へのサービス実現のプラットフォームとなるMAC層の主要機能として，図3・14に示すようなIEEE 802.11eのQoS（Quality of Service，動画や音声を高品質に通信する）制御，IEEE 802.11f/rの

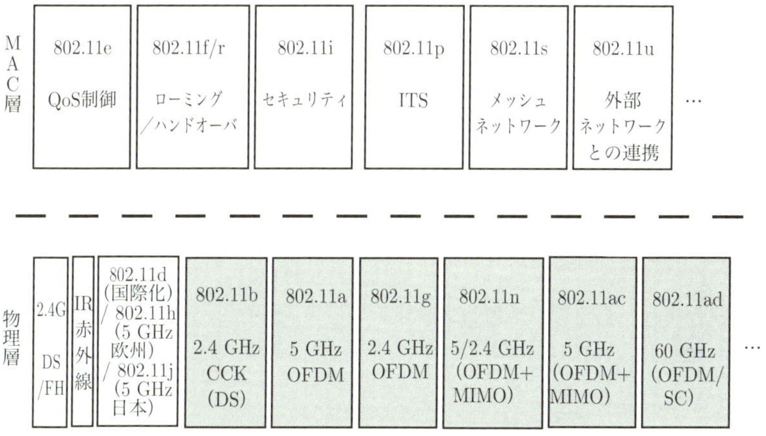

MAC層	802.11e QoS制御	802.11f/r ローミング/ハンドオーバ	802.11i セキュリティ	802.11p ITS	802.11s メッシュネットワーク	802.11u 外部ネットワークとの連携	…

物理層	2.4G DS/FH	IR 赤外線	802.11d (国際化) /802.11h (5 GHz 欧州) /802.11j (5 GHz 日本)	802.11b 2.4 GHz CCK (DS)	802.11a 5 GHz OFDM	802.11g 2.4 GHz OFDM	802.11n 5/2.4 GHz (OFDM+MIMO)	802.11ac 5 GHz (OFDM+MIMO)	802.11ad 60 GHz (OFDM/SC)	…

図3・14 IEEE 802.11（1990年〜）の構成
（MAC層は各物理層＝伝送媒体で共通）

ローミング/ハンドオーバ，IEEE 802.11iのセキュリティ（認証については IEEE 802.1x），IEEE 802.11s の AP 間でのマルチホップ通信によるメッシュネットワークが挙げられる．これらのほとんどは標準化を終了しているが，実用に供しているのは，IEEE 802.11i のセキュリティを除きほとんどない．今後の利用，評価によっては，現在の仕様の見直しが必要となる可能性がある．

(iv) 無線データ通信における課題

特に無線LANとの関係が深い無線データ通信特有の問題について述べる．

(1) 隠れ端末問題とさらし端末問題

隠れ端末問題とは，図3・15(a)のように，端末A，Bが互いに信号の到達範囲外にあって，双方が同時にデータを送信した場合に，

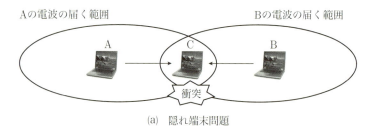

(a) 隠れ端末問題

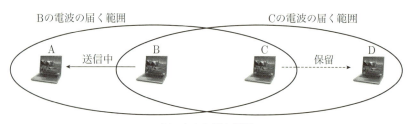

(b) さらし端末問題

図3・15 隠れ端末問題とさらし端末問題

受信端末Cにおいて，AとBから同時にデータが届くためデータの衝突が発生する問題である．AとBは互いにデータ送信中であるかどうかを知る方法がないために発生する．さらし端末問題とは，図3・15(b)のように，端末Bが端末Aにデータ送信中に，端末Dへデータを送信したい端末Cは，Bが送信していることを検出するとBA間の通信を妨害しないように送信を保留してしまう問題である．しかし，Bは送信時には受信しないため，二つの通信B→A，C→Dは同時に行える．隠れ端末問題では不要な衝突，さらし端末問題では不要な保留により，双方とも結果的にスループット（ネットワークにおける単位時間当たりのデータ転送量）が低下する．

隠れ端末問題を回避する方法として，IEEE802.11 WGでは，端末とAPからの送信信号にそれぞれRTS（Request To Send）フレーム，CTS（Clear To Send）フレームを追加する手法が規定されている．端末は空いている通信路（キャリヤ）を検出後，一定の時間後にRTSフレームをAPに送信する．RTSフレームを受信したAPは，CTSフレームを端末に返送する．端末はCTSフレームを受信後，DATAフレームを送信しAPがACKフレームを返送する．RTS，CTS，DATAの各フレームには，これからそのチャネルを占有する時間を示すNAV（Network Allocation Vector）の情報が含まれており，APを共用する端末は，NAVの間だけ送信を保留することにより衝突を避ける．端末は通常のキャリヤセンスを行う前にNAV期間か否かのセンシングを行う．

さらし端末問題の回避については，二つの無線リンクに異なる周波数のチャネルを割り当てることが考えられる．

(2) 無線特有のTCP（Transmission Control Protocol）

有線におけるTCP（トランスポート層）を用いた通信では，パケッ

トロスは一般に輻輳によって生じるが，無線における同通信では伝送路が不安定なため，輻輳以外の要因でパケットロスが発生する場合がある．このため，有線通信ではフレームの欠落を検出すると，輻輳を回避するように制御するが，無線通信の場合には有線通信と異なる制御が必要となる．その方法として，無線区間のみに特殊なTCPを使用する方法と有線・無線を問わず適応可能なTCPを使用する方法がある．前者については数多くの方法が提案されたが，ネットワーク内の有線・無線区間の区別も制御の切替えも難しいことから，実際には後者のみが使われている．後者については，輻輳による影響と伝送品質による影響を区別する，フレーム送出タイミングを制御する，などの方法が提案されている．さらに，ランダムに決定される送信待ちタイミングや伝送路状況などで生じる端末間の伝送速度の公平性，上下回線の公平性などの問題も議論されている．

　無線TCPの問題をトランスポート層のみで解決することが難しいため，従来各レイヤで独立に行っていた制御を，レイヤ間で協調して行うことで制御効率を上げるクロスレイヤ制御も研究されている．さらに，音声通話（VoIP：Voice over IP）などのリアルタイム性が要求されるパケットを優先する優先制御や，衛星通信などで伝送路の特殊性を考慮したTCP制御法などが提案されている．

3.5　無線MAN

　無線MANは，さまざまな指標において無線LANと携帯電話網との間に位置づけられる．すなわち，通信速度の面では携帯電話網よりも高速で無線LANよりも低速，モビリティの面では無線LANよりも高速移動性に優れ携帯電話網よりも劣る．通信範囲の面では無線LANよりも広域であるが携帯電話よりも限定される．当面無

3.5 無線MAN

線MANには高速データ通信機能のみで携帯電話機能はない．

1999年よりIEEE 802.16 WGにおいて標準化が進められ，その仕様に準拠した無線MANはWiMAX (Worldwide Interoperability for Microwave Access) と呼ばれる．

(i) WiMAXの標準化の経緯

図3・16，図3・17にWiMAXの標準化の経緯，プロトコルスタックを示す．表3・24にIEEE 802.16 WGにおける主なTGの構成を示す．IEEE 802.16 WGは，物理層としていくつかの暫定仕様の策定を経て，2004年に固定WiMAXのIEEE 802.16-2004，2005年にモバイルWiMAXのIEEE 802.16e（正式名はIEEE 802.16e-2005）を標準化した．国内では，IEEE 802.11eが2009年よりサービスされている．

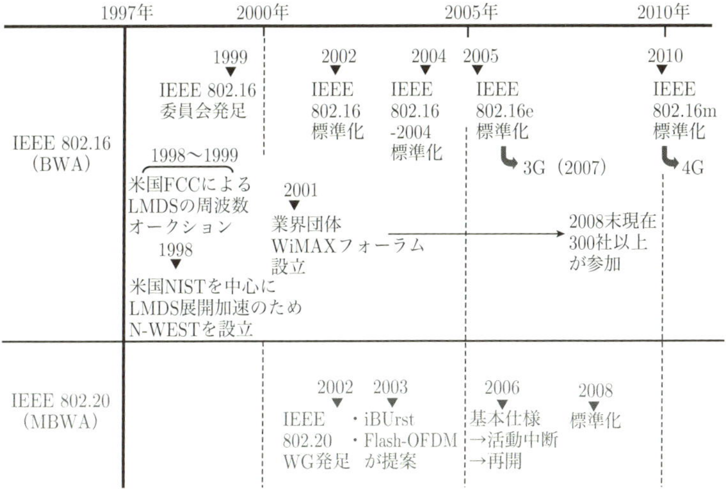

	1997年	2000年		2005年		2010年
IEEE 802.16 (BWA)	1998 米国NISTを中心にLMDS展開加速のためN-WESTを設立 / 1998～1999 米国FCCによるLMDSの周波数オークション / 1999 IEEE 802.16委員会発足	2001 業界団体WiMAXフォーラム設立 / 2002 IEEE 802.16標準化	2004 IEEE 802.16-2004標準化	2005 IEEE 802.16e標準化 ↳3G (2007)	2008末現在300社以上が参加	2010 IEEE 802.16m標準化 ↳4G
IEEE 802.20 (MBWA)		2002 IEEE 802.20 WG発足 / 2003 ・iBUrst ・Flash-OFDMが提案		2006 基本仕様 →活動中断 →再開	2008 標準化	

図3・16　無線MAN標準化の経緯

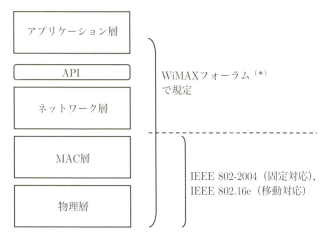

(*) WiMAXフォーラムのWG構成：マーケティング，レギュラトリー，アプリケーション，ネットワーク，サービスプロバイダ，技術，認証

図3・17　WiMAXのプロトコルスタック

(ii) WiMAXの通信仕様

(1) 物理層

　BS（Base Station，基地局）が指定したスケジュールで各SS（Subscriber Station，加入者端末）が通信を行う．通信はフレームと呼ばれる時間単位に分割され，そのフレームをBSが各SSに割り当てる，すなわちTDMAで行われる．モバイルWiMAXではOFDMAにより，さらに周波数成分（副搬送波）を各SSに割り当てる．BSは，SSとの間のリンク品質に応じて最適なバースト・プロファイルを選択する．バースト・プロファイルには，使用する変調方式，FEC，プリアンブルの長さなどが含まれる．

　表3・25に固定WiMAXとモバイルWiMAXの物理層の仕様

3.5 無線MAN

表3・24 IEEE 802.16における主なタスクグループ（TG）

TG	内容	標準化期間
16-2004	固定WiMAX	～2004
16e-2005	モバイルWiMAX（時速約120 km/hまで）	～2005.12
16m	1 Gbps以上の超高速MAN，250 km/hまでの高速移動に対応．IMT-Advanced（4G）に向けた拡張	2007.1～2010
16c	固定系PICS．Conformance04	
16f	固定系MIBs	
16g	Net-MAN．異なるベンダー間でネットワーク・レベルの相互接続	～2007.12
16h	ライセンス免除の共存	～2007.3
16i	NetMAN．モバイル系MIBs	2006.1～
16k	NetMAN．802.1Dのブリッジ機能に追加	2006.5～
16j	RelayTG．マルチホップ中継	2006.5～終了
16n 16.1a	スマートグリッドを含むパブリックセイフティなどの高信頼性が求められるアプリケーション対応．無線経路の冗長化，端末間通信等に対応．GRIDMAN（GRIDMAN：Greater Reliability In Disrupted Metropolitan Area Networks）TG	2010～終了
16p 16.1b	M2M向けに基地局と協調した省電力通信アプリケーション対応．低消費電力に加え，複数端末サポート，ショートデータ・バースト伝送，セキュリティに対応	2010～終了

PICS：Protocol Implementation Conformance Statement
濃アミの部分：WiMAXの物理層の仕様

概要を示す．モバイルWiMAXを支える物理層の技術として，OFDMA，MIMOやビームフォーミングを含むスマートアンテナ技術，MAC層のハイブリッドARQ（HARQ）が挙げられる．

(2) MAC層

IEEE 802.16のリソース割当て機構は，スケーラビリティを考

表 3・25 固定 WiMAX とモバイル WiMAX の物理層の仕様概要

	IEEE 802.16-2004	IEEE 802.16e
標準化完了時期	2004年	2005年
周波数帯	11 GHz未満	6 GHz未満
見通し環境	NLOS	NLOS
伝送速度	最大75 Mbps（20 MHz幅）	最大75〜125 Mbps（20 MHz幅）（2014年の発表では下り最大40 Mbps，上り最大10 Mbps）
変調方式	・QPSK，16/64/256 QAM ・SC，OFDM，OFDMA	・QPSK，16/64/256QAM ・SC，OFDM，OFDMA，SOFDMA
多重化技術	MIMO	MIMO
移動性	・固定 ・移動（ノマディック）	・固定 ・移動（ノマディック） ・移動（歩行速度程度のポータブル） ・移動（時速120 km程度のモバイル）
1チャネル当たりの周波数帯	1.25〜28 MHzまで可変（1.25，5，10，20，25，28 MHz）	1.25〜20 MHzまで可変（1.25，3.5，5，7，8.75，10，15，20 MHz）
セル半径	2〜10 km程度（最大約50 km）	2〜3 km程度

SC：Single Carrier　　SOFDM：Scalable OFDMA
NLOS：Non-Line-Of-Sight，見通し外接続

慮したRequest-Grant機構を基本とする．SSは，複数のコネクションをBSとの間に設定することを想定し，異なるQoSパラメータによって，多数のエンドユーザが利用した場合でも，リソース割当ての効率が低下しないように設計されている．SSは，さまざまなRequest機構から適当なものを選択できる．SSには，自由にリソースを使えるインターバルと，他のSSとの協調によって使うインターバルが与えられ，高いスケーラビリティが提供されている．

MAC層には,QoS制御,BSによる中継,SSのスリープモード,ハンドオーバ,同報通信の機能がオプションとして規定されている.

(iii) WiMAXの今後

2010年には,WiMAX-Advanced(またはWirelessMAN-Advanced)と呼ばれるさらに高速で携帯電話機能も備えたIEEE 802.16mの標準化が終了した.IEEE 802.16mは,第4世代携帯電話網(総称はIMT-Advanced)の一方式としてITUにより承認されている.

IEEE 802.16.4mは,下り最大通信速度350 Mbps,時速350 kmの移動中でも通信が可能な規格を目指す.既存の固定/モバイルWiMAXはともにシングルキャリヤであったがIEEE 802.16mではマルチキャリヤを採用,広帯域化のため20 MHzのシステムと40 MHzのシステムの双方を採用可能,等の特徴がある.表3・26,表3・27にIEEE 802.16mで採用する技術,仕様を示す.

表3・26 4G携帯電話網 IEEE 802.16mで採用する技術

技術	概要
上りリンク多元接続方式	OFDMA,SC-FDMA,IFDMAを比較し,OFDMAを採用
サブキャリヤマッピング	電力割当てやSCMに必要となる伝搬路情報(Channel State Information,CSI)や割当電力等の副情報量を低減
レガシーサポート	レガシー端末を割り当てるゾーンを設定(DLはTDM,ULはTDM,FDMともに可)
広帯域化	1キャリヤは最大20 MHz(5,7,8.75,10,20 MHz),マルチキャリヤで広帯域化
リレー	マルチホップ(ヘッダの前半は中継用の802.16j,後半はネットワークコーディング用)
マルチBS連携アンテナ処理	Collaborative MIMO,Closed-loop Macro Diversity

表3・27　IEEE 802.16mの仕様

	必須	目標
周波数	(1,) 2.3, 2.5, 3.3-3.8 GHz	同左
複信方式	TDD, FDD/HFDD	同左
チャネル帯域	5, 10, 20 MHz	同左
最大伝送速度（下り）	160 Mbps以上（2×2, チャネル帯域が20 MHzのとき）	330 Mbps（4×4, チャネル帯域が20 MHzのとき）
最大伝送速度（上り）	56 Mbps（1×2, チャネル帯域が20 MHzのとき）	112 Mbps（2×4, チャネル帯域が20 MHzのとき）
最大移動速度	350 km/h	500 km/h
遅延	LLA（Link Layer Access）：10 ms Handoff：30 ms	同左
MIMO設定	下り：2×2 MIMO 上り：1×2 MIMO	下り：2×4, 4×2, 4×4 MIMO 上り：1×4, 2×2, 2×4 MIMO
平均VoIP利用ユーザ数	50ユーザ以上/セクタ/FDD MHz 30ユーザ以上/セクタ/TDD MHz	100ユーザ以上/セクタ/FDD MHz 50ユーザ以上/セクタ/TDD MHz

3.6 携帯電話網

(i) 無線WANの全体動向

　第1世代携帯電話網とされる自動車電話サービスが開始された1979年から31年後に，第3.9世代携帯電話網LTEのサービスが2010年に開始された．一方で2012年には，国内で1993年からほぼ20年間サービスされてきた第2世代携帯電話網 PDC（Personal Digital Cellular）のサービスが終了した．図3・18に移動体通信の発展方向，表3・28に第1世代〜第4世代の携帯電話網の概要を

3.6 携帯電話網

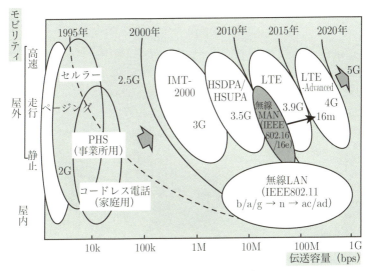

図3・18　移動体通信の発展方向

示す．図3・18は，ITUが描くvan diagramに対応する．2008年には，第4世代携帯電話網IMT-Advancedの一方式であるLTE-Advancedが，2012年のITUにおいて規定された．

2010年代半ばの携帯電話は，国内では2001年にサービスが開始されたIMT-2000とも呼ばれる第3世代携帯電話網の拡張版である第3.5世代携帯電話網のHSPAと第3.9世代携帯電話網LTEの利用が大部分を占め，第4世代携帯電話網 LTE-Advancedの利用が始まりつつある状況である．

(ii) 第3.9世代携帯電話網LTE

第3.9世代携帯電話網LTEでは，第3，3.5世代携帯電話網で採用されてきたCDMAと大きく異なり，無線LANのIEEE 802.11n，802.11acや無線MANのWiMAXと共通のOFDMや

表3・28 第1世代〜第4世代の携帯電話網の概要

	第1世代	第2世代	第3世代	第3.5世代	第3.9世代	第4世代
特徴等	自動車電話	GSM(欧州) PDC(日本)	IMT-2000	第3世代の高速版	LTE	LTE-Advanced
アナログ/ディジタル	アナログ	ディジタル	ディジタル	ディジタル	ディジタル	ディジタル
サービス開始年	1979年	1993年	2001年	2006年	2010年	一部 2014年
変調方式等主要技術	FDMA	TDMA	CDMA	CDMA HSDPA/HSUPA	OFDM MIMO	OFDM MIMO
最大通信速度	音声通話中心	128 kbps 音声通話, 低速データ通信	384 kbps 音声通話, 低速データ通信	下り7.2 Mbps 上り5.8 Mbps 音声通話, 中速データ通信, 低品質ストリーミング	下り300 Mbps 上り75 Mbps 高速データ通信, 高品質ストリーミング	下り1 Gbps 上り500 Mbps 無線LAN, WiMAX, Bluetoothなどとも連携しFMCを実現

- 第4世代携帯電話網としては，LTE-AdvancedとIEEE 802.16m（WiMAX-Advanced）の2種類がある．
- FMC（Fixed Mobile Convergence）：固定通信網と移動通信網の融合により，両者の間をシームレスに利用できる．

MIMOの技術を採用している．

下りリンクにはWiMAXと同様のOFDMA，上りリンクとしては利用者の移動端末（UE：User Equipment）のPAPR（Peak-to-Average Power Ratio，ピーク電力対平均送信電力比）の低減により低消費電力化を実現でき，ユーザ間の直交化が図れるSC-FDMA

(Single Carrier - Frequency Division Multiple Access) を用いる.

表3・29にLTEの主要諸元，表3・30にLTEにおける帯域幅，MIMOのアンテナ数と最大通信速度の関係を示す．LTEでは，高速通信を可能にするため，

表3・29　LTEの主要諸元

内容	目標
多重アクセス方式	下り：OFDMA　上り：SC-FDMA
全二重通信モード（デュプレックス方式）	TDD，FDD
周波数帯域幅（MHz）	1.4, 3, 5, 10, 15, 20
通信速度	ダウンリンク（DL）：100〜300 Mbps アップリンク（UL）：50〜75 Mbps
伝送遅延時間（片方向）	5 ms以下（RAN内） 100 ms以下（他ネットワーク接続）
ネットワーク接続遅延時間	100 ms以下
ハンドオーバ時間	3 GPPとのハンドオーバは300 ms以内 E-UTRAとのハンドオーバは 　Connection-based：DL 18.5 ms以内，UL 25 ms以内 　Connection-free：DL12 ms以内，UL12 ms以内
移動速度	時速300 km以下
ネットワーク接続	移動端末からの音声，IPサービスの効率化

表3・30　LTEにおける帯域幅，MIMOのアンテナ数と最大通信速度の関係

帯域幅 MIMO	5 MHz幅	10 MHz幅	15 MHz幅	20 MHz幅
2 × 2	37.5 Mbps 12.5 Mbps	75 Mbps 25 Mbps	100 Mbps 37.5 Mbps	150 Mbps 50 Mbps
4 × 4	75 Mbps 25 Mbps	150 Mbps 50 Mbps	225 Mbps 75 Mbps	300 Mbps 100 Mbps

- 最大5 MHzであった3.5 Gの周波数帯域を20 MHzにまで拡張
- MIMOにおける送受信のアンテナ数がそれぞれ4本まで装備可能
- 1回の変調において送信できるビット数を3.5 Gにおける4 bitから6 bitに拡張

している．以下に，さらに物理層に適用した主要技術の詳細について述べる．

(1) 下りリンク無線アクセス OFDMA

OFDMでは，各OFDMシンボルの先頭にCyclic Prefixと呼ぶガード区間を設けることにより，前シンボルの遅延波が次のOFDMシンボルに及ぼすシンボル間干渉，および副搬送波間の直交性の崩れに起因する副搬送波間干渉を除去できる．LTEでは，このCyclic Prefixを用いるOFDMベースの無線アクセスを基本にしている．

(2) 周波数スケジューリング

広帯域伝送では，マルチパスにより周波数領域の受信レベルが変動する周波数選択性フェージングの影響をいかに有効に利用するかが重要となる．LTEでは，データチャネルの伝送方法として，周波数領域の伝播路の変動を利用した周波数領域パケットスケジューリングが適用される．UE（User Equipment）は，定められた周波数単位ごとにCQI（Channel Quality Indicator）を測定したCQI情報を上りリンクの制御チャネルにより，eNB（evolved Node B，LTEに対応した基地局）に報告する．eNBは，複数ユーザから通知されたCQI情報を基に，無線リソースブロック（RB：Resource Block）を選択したユーザに割り当てる．

図3・19のように，各ユーザのCQIに応じた最適な割当てを行

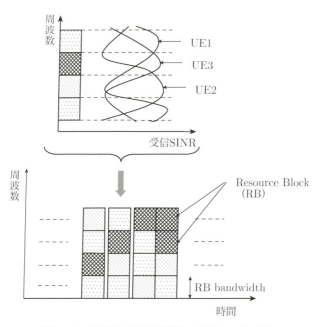

図3・19 LTEにおける周波数スケジューリング

うことにより，受信信号レベルの高い周波数ブロックをもつユーザを選択できるのでユーザ間のダイバーシティ効果を得ることができ，ユーザスループット，およびセル当たりのスループット向上が可能になる．

(3) MIMOチャネル伝送を用いる高速信号伝送

LTEで用いるMIMO技術では，受信状況において，ストリーム数を制御するRank Adaptationが適用される．Rank Adaptationにより，受信レベルが低くアンテナ間相関が高いところではストリーム数を小さくして通信品質の改善を行い，受信レベルが高くアンテナ間相関が低いところでは複数のストリームを同時に送信すること

により，高速化を実現する．

(4) 上りリンク無線アクセスSC-FDMA

上りリンクは下りリンクと異なり，UEの低消費電力化が非常に重要な要求条件である．特に送信部の電力増幅器はUEの消費電力で大きな割合を占める．つまり，同じ最大送信電力の電力増幅器を仮定した場合，PAPRが低いほど同じ受信性能を実現できるエリアを増大することができる．また，UEの低消費電力化の観点から，送信すべきトラフィックのデータ通信速度に応じた最小の送信電力でデータチャネルを送信する．送信信号帯域幅を広くすると周波数領域の伝播路変動を平滑化する周波数ダイバーシティ効果は増大する．しかし，必要以上に信号帯域幅を拡大すると無線伝播路の推定に必要なパイロット信号の電力密度が低減するため，伝播路の推定精度の劣化に起因して受信特性が劣化する．したがって，送信トラフィックの情報レートに応じた可変帯域幅のSC-FDMA無線アクセス方式を用いる．

(iii) 第4世代携帯電話網LTE-Advanced

LTE-Advancedでは，3.4〜3.6 GHz帯が利用される．第4世代携帯電話網としては，LTE-AdvancedとIEEE 802.16m（WiMAX-Advanced）がITUによって承認されており，IEEE 802.16mとの対比としてLTE-Advancedで導入される技術を表3・31に示す．LTE-Advancedにおける帯域幅，MIMOのアンテナ数と最大通信速度の関係を表3・32示す．

3.7 応用ネットワーク

(i) センサネットワーク

3.3において，国際標準化を経て実用化が始まりつつある汎用省

3.7 応用ネットワーク

表3・31 LTE-Advancedの主要技術

Carrier Aggregation	・LTEとの後方互換性を維持しながらシステムバンド幅を最大100 MHzまで拡張
Enhanced Downlink MIMO	・ピークレート，周波数利用効率を拡大 ・SU-MIMOとMU-MIMOをLTEの最大4レイヤを8レイヤまで拡張 ・MU-MIMOの性能向上のためリファレンス信号を追加，フィードバック情報を強化
Uplink MIMO	・ピークレート，周波数利用効率を拡大 ・LTEではMU-MIMOのみサポートされているが，最大4レイヤまでのSU-MIMOが可能 ・送信ダイバーシティを適用
Coordinated multi-point (CoMP) 送受信	・複数の送受信ノード間の協調によりセルエッジループスループットとセル容量を改善．基地局内協調と基地局間協調
リレーネットワーク	・セル容量増大，カバレッジ拡大を低価格で実現 ・移動局にとってリレー基地局が通常の基地局と認識されるタイプと認識されないタイプがある

表3・32 LTE-Advancedにおける帯域幅，MIMOのアンテナ数と最大通信速度の関係

帯域幅 \ MIMO構成	2×2MIMO	4×4MIMO	8×8MIMO
20 MHz幅	150 Mビット/秒	300 Mビット/秒	600 Mビット/秒
40 MHz幅	300 Mビット/秒	600 Mビット/秒	1.2 Gビット/秒
60 MHz幅	450 Mビット/秒	900 Mビット/秒	1.8 Gビット/秒
80 MHz幅	600 Mビット/秒	1.2 Gビット/秒	2.4 Gビット/秒
100 MHz幅	750 Mビット/秒	1.5 Gビット/秒	3 Gビット/秒

・表中の数字はFDDシステムの場合の下りピーク速度．
・TDDの場合は下りと上りのフレーム構成比率を約9：1.2：3に可変にできる．
・ネットワークの能力としてのピーク速度であり，実際には端末カテゴリの上限値によってもピーク速度が制限される．

電力センサネットワークのZigBeeを中心にセンサネットワークについて説明した．ここでは，2010年頃より急速に注目を集めているスマートグリッド（次世代送電網）におけるスマートメータリング用のセンサネットワークについて述べる．

スマートグリッドは情報通信技術を駆使して，発電→送電→変電→配電を経て電力消費者（家庭，工場，オフィス）に電力を供給し，その間の電力の流れを供給側と需要側の双方からきめ細かくリアルタイムに自動制御し，最適化することを目標とする．省電力化や電力の経済的で安定した供給を目指した，電力ネットワークと情報通信ネットワークの融合システムである．図3・20にスマートグリッドの構成イメージを示す．

スマートグリッドと情報通信技術との最も強い接点は，配電部分における屋外のFAN（Field Area Network）で提供するスマートメー

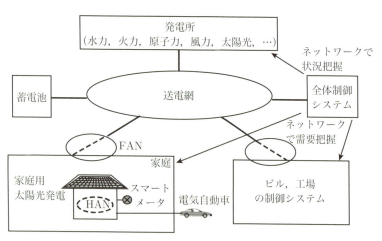

図3・20　スマートグリッドの構成イメージ

タリング機能であり，特に玄関等に設置されたスマートメータと電柱等との間のFANを無線マルチホップ・センサネットワークで実現することが課題である．メータリング用のプロトコルとして，ZigBeeIPとWi-SUN（Wireless Smart Utility Networks）が標準化され，実証実験が進められている．

(1) ZigBeeIP

ZigBeeでは，ネットワーク層のプロトコルとしてIP（Internet Protocol）を前提としていないが，インターネットの標準化を行うIETF（Internet Engineering Task Force）は，外部ネットワークとも直接相互に通信できるようにするためにIPを使用した無線センサネットワークプロトコルの検討を2004年頃より進めた．その結果，2007年に6LoWPAN（IPv6 over Low power Wireless Personal Area Network）と呼ぶIPv6準拠のネットワーク層のプロトコルを標準化した．

さらに，スマートグリッドの盛上りに伴い，省電力のスマートメータリング向けのマルチホップ通信を可能にするルーティングプロトコルRPL（IPv6 Routing Protocol for Low power and Lossy networks）を2012年に標準化した．6LoWPANとRPLの標準化を経て，下位のプロトコルとしてZigBeeの物理層とMAC層，すなわちIEEE 802.15.4を適用するプロトコルスタックをZigBeeIPと呼ぶようになった．ZigBeeIPと区別するため，従来からのZigBeeをZigBeePROと呼ぶ．

6LoWPANでは，ネットワーク層より上位の層からは，ネットワーク層の動作がIPv6と見なすことができる．このため図3・21のように，ネットワーク層とMAC層の間にアダプテーション層を追加している．アダプテーション層では，IEEE 802.15.4とIPv6

アプリケーション層
トランスポート層
ネットワーク層（IPv6）
アダプテーション層
MAC層（IEEE 802.15.4）
物理層（IEEE 802.15.4）

図3・21　6LoWPANにおけるプロトコル階層

の相違を吸収するため，フラグメント処理とヘッダ圧縮を実行する．IPv6における下位の層が1 280バイト以上のMTU（Maximum Transmission Unit）であるのに対しIEEE 802.15.4のMTUが127バイトであるため，フラグメント処理ではパケット長の変換を行う．ヘッダ圧縮については，40バイトのIPv6のヘッダをMAC層の情報を利用してエンコード圧縮する．

RPLは，IPv6を想定しホップ数を最小に抑えたルーティングプロトコルである．さらに，ZigBeePROがAODV（Ad hoc On-demand Distance Vector routing）と呼ぶ経路発見時に経路発見用の制御パケットをフラッディングするルーティングプロトコルを採用しているのに対し，RPLでは制御パケット数による省電力化を図るため，経路発見用のフラッディングは行わない．

ZigBeeIPでは，ネットワーク層の上位のアプリケーション層のプロトコルとして，

・CoAP（Constrained Application Protocol）：センサネットワークなどのM2M（Machine-to-Machine）通信向けに最適化した簡易HTTP
・SEP2.0（Smart Energy Profile 2.0）：スマートメータリング用の

3.7 応用ネットワーク

　プロファイル

を規定している．

(2) Wi-SUN

　IEEEの中でスマートメータリング用のプロトコルとして検討され，物理層としてIEEE 802.15.4g，MAC層としてIEEE 802.15.4eが2012年に標準化された．表3・33のように，ZigBeePROとZigBeeIPで採用しているIEEE 802.15.4の物理層を変更している．Wi-SUNは日本主導で標準化が進められ，総務省により推奨されている．

　IEEE 802.15.4gはSUNの名で検討されWi-SUNの呼称の基になった．IEEE 802.15.4よりも低速ながら1ホップで通信距離を長くし，インターネットと同じ最大1 500バイトの物理層のペイロードをサポートする．IEEE 802.15.4gとしては，FSK，DS-SS，OFDMの3種類の変調方式が標準化されたが，日本では通信距離

表3・33　IEEE 802.15.4g（SUN）とIEEE 802.15.4の物理層の仕様

	IEEE 802.15.4	IEEE 802.15.4g（SUN）
通信距離	最大約100 m	最大2〜3 km
通信速度	250 kbps	40 k〜1 Mbps（実際の運用は，数十kbps〜200 kbps程度）
物理層のペイロード長	127オクテット（内最大25オクテットのMACヘッダ）	1 500/2 047オクテット（Ethernetと同じ）
変調方式	O-QPSK（DS-SS）	FSK，O-QPSK（DS-SS），OFDMの3方式
周波数	2.4 GHz	400 MHz，700 MHz〜1 GHz，2.4 GHz
ほか	IEEE 802.15.4無線部の消費電力は60 mW以下	ZigBeePROよりも消費電力1/10以下

が最も長く回り込みが可能な920 MHzのFSKを採用する.

IEEE 802.15.4eは，スマートメータリングに特化したプロトコルではないが，省電力への考慮として，センサノードだけでなく中継ノードも定期的に送信するか受信するかにより，スリープできる仕様が規定されている.

IEEE 802.15.4gとIEEE 802.15.4eは当初FAN向けであったが，Wi-SUNを推進する業界コンソーシアムは，スマートハウス／HEMSに直結する屋内のホームネットワーク用のプロトコルとしてWi-SUN HAN（Home Area Network）を2015年に標準化した（図3・22）．Wi-SUN HANは，当面HEMS専用で，エアコン，照明，太陽光発電，蓄電池，燃料電池，給湯器，EV充電器，スマートメータを対象とする.

IEEEによるWi-SUNのアプリケーション層の規定はないが，国内ではECHONET（Energy Conservation HOmecare Network）Lite

第5〜7層	アプリケーション部	アプリケーション（ECHONET Lite）
第4層	Wi-SUN インタフェース部	Wi-SUN トランスポート層セキュリティ（PANA ＋ 複数端末認証）
		Wi-SUN トランスポート層プロファイル（TCP，UDP）
第3層		Wi-SUN ネットワーク層プロファイル（IPv6，ICMPv6）
		Wi-SUN アダプテーション層プロファイル（6LoWPAN）
第2層	Wi-SUN MAC層部	Wi-SUN MAC層プロファイル（IEEE 802.15.4/4e ＋中継通信拡張）
第1層	Wi-SUN 物理層部	Wi-SUN 物理層プロファイル（IEEE 802.15.4g）

図3・22　HAN用のWi-SUNプロファイル

3.7 応用ネットワーク

が推奨されている．ECHONET Liteは，経済産業省が推進するホームネットワークによる電力制御プロトコルである．

表3・34にZigBeeIPとWi-SUNのプロトコルスタックを示す．

(ii) ホームネットワーク

(1) ホームネットワークの検討経緯

1980年代初頭より30年以上にわたって検討されてきたホームネットワークは，本格的な普及に至っていない．1990年代までは有線中心に検討されたが，2000年代半ば以降の家庭への無線LANの普及に伴い，無線によるホームネットワークが主流と考えられるようになった．その後，無線LANの高速化とともに，広い応用が想定されるセンサ群がホームネットワークの端末として接続される期待が高まっている．図3・23にホームネットワークの検討経緯を示す．

表3・34 ZigBeeIPとWi-SUNのプロトコルスタック

		ZigBeeIP (IETFが推進)	Wi-SUN (IEEEが推進)
標準の母体		ZigBeeセンサネットワーク	IEEE 802.15.4g (SUN)
標準の構成		IEEE 802.15.4とIETFとZigBee Allianceの標準群の組合せ	IEEE 802.15.4g (SUN) 準拠無線デバイスに対応するIEEEの標準群の組合せ
プロトコル	7 (アプリケーション) 層	SEP2.0 over REST	国内ではECHONET Lite
	3 (ネットワーク) 層	6LoWPAN/RPL (アドレスはIPv6，ルーティングはRPL)	IEEE SCC21, P2030
	2 (MAC) 層	IEEE 802.15.4	IEEE 802.15.4e
	1 (物理) 層 拡散方式	IEEE 802.15.4 (DSSS)	IEEE 802.15.4g (FSK/DS-SS/OFDM)

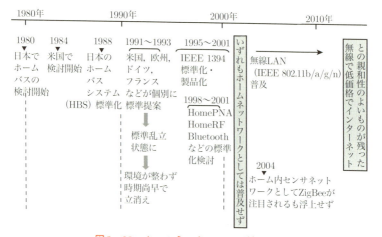

図3・23　ホームネットワークの検討経緯

(2) ホームネットワークのアプリケーション

アプリケーションについては、1990年代より繰返しアンケート調査が行われ、その結果、防犯・防災、医療・介護・健康、遠隔機器修理・メンテナンス、環境・省エネ、エンタテインメント（AVコンテンツ配信）がニーズの高さの上位を占めている。これらのニーズを消費者に受け入れられやすい形、すなわち低コストで導入の容易性や操作性に優れた形で実現するネットワークとしての

・防犯・防災、医療・健康、家電修理、省エネなどのアプリケーション群のための共通プラットフォームとなるセンサネットワーク
・AVコンテンツの高品質配信が可能な高速ネットワーク

の実用化が、ホームネットワーク普及の鍵となる。

(3) ホームネットワークの構成

ホームネットワークに関し、バックボーンに位置づけられるこれまでの無線LANに相当する数十mの通信が可能なネットワークを

3.7 応用ネットワーク

幹線ネットワーク，それ以下の最大20 m程度の通信を行うネットワークを支線ネットワークと呼ぶ．

a) 幹線ネットワーク

数十mの通信距離で高品質な映像配信が可能な無線LANが考えられる．しかし，1 Gbps以上の通信が可能なIEEE 802.11ac/adは通信距離が最大十数m程度，センサネットワークも1 Mbps以下で無線PANとして議論されているため，いずれも幹線ネットワークにはならない．幹線ネットワークとしては，IEEE 802.11nが有力である．

b) 支線ネットワーク

① 高品質な映像通信が可能な無線PAN（ギガビットワイヤレス）

1 Gbps以上の通信が可能な無線ネットワークは，IEEE 802.15.3cと同じ60 GHz帯を使用するIEEE 802.11ad，WirelessHD，WiGig，5 GHz帯を使用するWHDI，IEEE 802.11ac，すなわちIEEEと業界コンソーシアムが入り乱れて標準化，製品化を競ったが，2010年代半ばの段階では，IEEE 802.11ac/adが有力視されている．

② 多様なホームアプリケーションの共通基盤となるセンサネットワーク

汎用センサネットワークとしてZigBeePRO，スマートメータリングや家電機器の消費エネルギーを制御するZigBeeIPとWi-SUNが候補であり，今後実証実験等を通して淘汰されていくと思われる．

図3・24に有力と考えられるホームネットワークの構成を示す．

(iii) アドホックネットワーク

(1) アドホックネットワークとは

移動を伴うノード間で無線マルチホップのパケット通信を行うモ

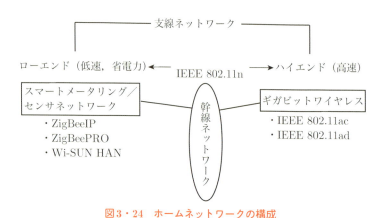

図3・24 ホームネットワークの構成

バイルアドホックネットワーク(以下単にアドホックネットワーク)については,1990年代半ばにジョンソン(Johnson, D. B., 後述するDSR(Dynamic Source Routing)プロトコルの提案者の一人)らによって以下のような一つの定義がなされた."An ad hoc network is a collection of wireless mobile hosts forming a temporary network without the aid of any established infrastructure or centralized administration."すなわち,アドホックネットワークは,インターネットや携帯電話網のような固定的なインフラや集中管理機構を備えず,移動を伴うノード間で一時的に形成されるP2P(Peer to Peer)通信で自律分散型の無線マルチホップネットワークということができる.

図3・25に,アドホックネットワークにおける通信の様子を示す.アドホックネットワークでは,一般の有線ネットワークと同様のスループットや遅延,パケットロス率の通信性能に加え,トポロジーの時間的変化を考慮したパケット到達率の向上,パケット数削減によるノードの省電力化が重要となる.センサネットワークでは,ノー

3.7 応用ネットワーク

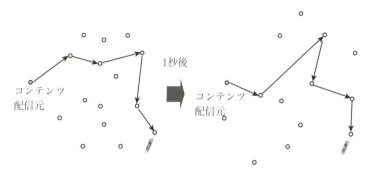

- トポロジーの変化に対応するための高信頼通信
- 各ノードの微小軽量,低処理能力に対応するための省電力(メッセージ数削減等)通信
- 低遅延

が重要

図 3・25 アドホックネットワークにおける配信の様子

ドの移動を想定することが少ないが,ルーティング制御等アドホックネットワーク向けに開発された技術が多く採用されている.

表3・35にアドホックネットワークの想定応用を示す.軍事向けと類似した通信環境と考えられる災害時での利用が期待され,多くの実証実験が実施されているが,広く普及するにはビジネスモデルが成り立つ民間主導のサービスでの活用が必須である.

(2) アドホックネットワークの検討経緯

1970年代初頭に,戦場での無線通信を目的として米国の国防総省(DoD:Department of Defense)によって研究が開始された.四半世紀後の1990年代半ば頃に軍事以外の広い応用への実用化に向けた研究が,米国の大学や研究機関を中心に活発化した.1997年には,IETFにおいてMANET(Mobile Ad hoc NETwork)WGが発足した.

表3・35 アドホックネットワークの想定応用

分類	概要
軍事利用	・戦場における兵士，戦車，戦艦，戦闘機間の通信
災害時の利用	・地震，津波，洪水，台風，竜巻が発生したときの警察や消防による捜索，救出，緊急通報，避難誘導，被害情報の収集・連絡，復旧活動支援，被災者同士の安否確認．→ 安全・安心なコミュニティシステム
PANをマルチホップ化したサービス	・端末（携帯電話，スマートフォン，ノートPC，ウェアラブル端末）間通信 ・工場，商品倉庫，建築工事現場，港湾，農場，ゴルフ場，ケーブル敷設困難なエリア（史跡，博物館）などにおける情報伝達・管理 ・ショッピングモール，テーマパーク，イベント会場，スタジアム等におけるP2P情報配信（広告配信・ナビゲーション等） ・広域センサネットワーク（防犯・防災，環境モニタリング） ・情報家電ネットワークにおける各種機器の制御
ITS（テレマティクス）	・車車間通信による事故発生や工事などにおける混雑状況や迂回路情報のリアルタイム通知，カーナビへの反映 ・路車間通信によるサービスエリアのサービス情報配信

　トポロジーが変化するアドホックネットワークでは，固定的なインフラを備えた有線ネットワーク用のルーティング制御プロトコルが使えないため，MANETでは新たなルーティング制御が中心的課題となった．IETFが標準化の母体であるため，ネットワーク層はIPとし，さまざまな工夫をこらしたプロトコルが提案された．2004年には，MANETにおいて四つのルーティング制御プロトコルが標準化された．物理層とMAC層としては，屋外で数十mの安定的な通信が可能な無線LANが想定されている．

(3) アドホックネットワークにおけるルーティング制御

　通信要求が発生したときに経路の探索を始めるリアクティブ（オ

ンデマンド）型プロトコルと，通信要求が発生する前にあらかじめ隣接ノード間で定期的に情報交換を行いながら経路制御テーブルを作成しておくプロアクティブ（テーブル駆動）型プロトコルの2種類がある．

プロアクティブ型はインターネットにおけるルーティング制御と同じ形態であるが，リアクティブ型はノードの移動等によるトポロジーの変化を前提としたアドホックネットワーク特有のプロトコルである．表3・36にリアクティブ型とプロアクティブ型のプロトコルの比較，図3・26にリアクティブ型プロトコルとプロアクティブ型プロトコルの適用領域を示す．リアクティブ型とプロアクティブ

表3・36　リアクティブプロトコルとプロアクティブプロトコルの比較

	標準化されたプロトコル	利点	欠点
リアクティブ（オンデマンド）プロトコル	AODV（RFC 3561）DSR（RFC 4728）	非通信時に制御メッセージ（経路情報）が流れない	通信を行う際に経路を発見するまでの遅延が生じる
プロアクティブ（テーブル駆動）プロトコル	OLSR（RFC 3626）TBRPF（RFC 3684）	通信を行う際に遅延が発生しない（経路はすでに確定している）	非通信時に制御メッセージ（経路情報）が通信される（定期的な情報交換によりネットワークトポロジー情報を更新）

- 有線のインターネットのルーティングプロトコル（RIP，OSPF）は基本的にプロアクティブ型
- プロアクティブ型ではトポロジーの変更頻度に応じて更新間隔を調整する必要あり
    - 更新間隔が長すぎると経路情報が古くなり，短すぎるとトラフィックのオーバヘッドが大きくなる
    - いかにトポロジー更新情報を効率よく（少ないオーバヘッドで）伝達するかが重要

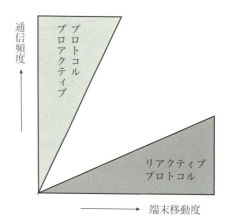

図3・26 リアクティブプロトコルとプロアクティブプロトコルの適用領域

型のいずれが優れているという議論はできず,利用目的に応じて使い分ける必要がある.

IETFのMANET WGでは,リアクティブ型プロトコルとしてAODVとDSR,プロアクティブ型プロトコルとしてOLSR(Optimized Link State Routing protocol)とTBRPF(Topology Broadcast based on Reverse Path Forwarding routing)が標準化された.AODVはZigBeePROのルーティングプロトコルとして規定されている.

参考文献

[1] 阪田史郎著:『M2M無線ネットワーク技術と設計法 スマートグリッド・センサネットワーク・高速ワイヤレスが実現する未来ICT』 科学情報出版, 2013年.

[2] 片山正昭編著:『無線通信工学』 オーム社, 2009年.

[3] 阪田史郎編著:『情報家電ネットワークと通信放送連携 IPTVで実現する家庭内ユビキタス』 電気学会, 2008年.

[4] 間瀬憲一, 阪田史郎共著:『アドホック・メッシュネットワーク ユビキタスネットワーク社会の実現に向けて』 コロナ社, 2007年.

[5] 阪田史郎, 嶋本薫編著:『無線通信技術大全』 リックテレコム, 2007年.

[6] 根日屋英之, 小川真紀著:『ワイヤレスブロードバンド技術 IEEE802と4G携帯の展開, OFDMとMIMOの技術』東京電機大学出版局, 2006年.

索　引

数字

3GPP ・・・・・・・・・・・・・・・・・・・・・・ 88
6LoWPAN ・・・・・・・・・・・・・・・・・・145

欧字

A

ACK ・・・・・・・・・・・・・・・・・・・・・・・・127
AM ・・・・・・・・・・・・・・・・・・・・・・ 31, 34
AM 変調波 ・・・・・・・・・・・・・ 35, 36
ANT ・・・・・・・・・・・・・・・・・・・・・ 92, 95
AODV ・・・・・・・・・・・・・・・・・・・・・・146
ARQ 方式 ・・・・・・・・・・・・・・・・・・ 82
ASK ・・・・・・・・・・・・・・・・・・ 32, 34, 43

B

BAN ・・・・・・・・・・・・・・・・・・・ 96, 110
BLE ・・・・・・・・・・・・・・・・・・・ 93, 103
Bluetooth ・・・・・・・・・・・・・・・・・・100
BPF ・・・・・・・・・・・・・・・・・・・・・・・・ 52
BPSK ・・・・・・・・・・・・・・・・・・・ 44, 45

C

C/N 比 ・・・・・・・・・・・・・・・・・・・・ 46
CAP ・・・・・・・・・・・・・・・・・・・・・・・109
CCK ・・・・・・・・・・・・・・・・・・・・・・・118
CDMA ・・・・・・・・・・・・・・・・・・・57, 61
CFP ・・・・・・・・・・・・・・・・・・・・・・・109

CSMA/CA ・・・・・・・・・・・・・・・・・・109
CTS フレーム ・・・・・・・・・・・・・・・129

D

D/A 変換 ・・・・・・・・・・・・・・・・・・ 54
DCF ・・・・・・・・・・・・・・・・・・・・・・・126
DFT ・・・・・・・・・・・・・・・・・・・・・・・ 55
DIFS ・・・・・・・・・・・・・・・・・・・・・・・126
DS-SS・・・・・・・・・・・・・・・・・・・・・・ 94
DSB ・・・・・・・・・・・・・・・・・・・・・・・ 36
DSRC・・・・・・・・・・・・・・・・・・ 43, 92, 94

E

ECHONET Lite ・・・・・・・・・・・・・148
EHT ・・・・・・・・・・・・・・・・・・・・・・・119
EnOcean ・・・・・・・・・・・・・・・・・・・114
ETC ・・・・・・・・・・・・・・・・・・・・・・・ 22

F

FDD ・・・・・・・・・・・・・・・・・・・・・・ 64
FDM ・・・・・・・・・・・・・・・・・・・・ 53, 57
FDMA ・・・・・・・・・・・・・・・・・・ 57, 58
FEC 方式 ・・・・・・・・・・・・・・・ 82, 83
FFD ・・・・・・・・・・・・・・・・・・・・・・・107
FFT ・・・・・・・・・・・・・・・・・・・・・・・ 55
FM ・・・・・・・・・・・・・・・・・・ 31, 34, 38
FMC ・・・・・・・・・・・・・・・・・・・・・・・138
FM 変調波・・・・・・・・・・・・・・・ 39, 41
FSK ・・・・・・・・・・・・・・・・・・ 32, 34, 44

FWA ... *22*

H

HARQ方式 ... *82, 85*
HSPA ... *51*

I

IDFT ... *54*
IEEE ... *88*
IEEE 802.11 ... *88, 115, 118*
IEEE 802.15 ... *98*
IEEE 802.16 ... *88, 131*
IETF ... *145*
IFFT ... *54*
IMT ... *11*
IoT ... *10*
ISMバンド ... *19*
ITU ... *7*

L

LAN ... *23*
LDPC符号 ... *84*
LSB ... *36*
LTE ... *51, 137*
LTE-Advanced ... *137, 142*

M

M2M ... *10*
M2M/IoT化 ... *91*
MAN ... *23*
MANET ... *153*
MIH ... *91*

MIMO ... *57, 79, 86*
MQAM ... *50*

N

NAV ... *129*
NFC ... *22, 43, 92*

O

OFDM ... *32, 33, 51*
OFDMA ... *57, 62*
OLSR ... *156*
ONE-NET ... *114*
OOK ... *43*

P

PAN ... *23*
PDC ... *11, 49*
PLC ... *22, 56*
PM ... *31, 34, 41*
PSK ... *32, 34, 44*

Q

QAM ... *28, 32, 49*
QoS制御 ... *127*
QPSK ... *44, 46*

R

RFD ... *107*
RFID ... *10, 22, 92, 95, 96*
RPL ... *145*
RTSフレーム ... *129*

S

S/N 比 …… 66
SC-FDMA …… 138
SDM …… 57, 81
SDMA …… 81
SIFS …… 126
SIR …… 78
SISO …… 80
SNR …… 86
SSB …… 36

T

TBRPF …… 156
TDD …… 65
TDM …… 57
TDMA …… 57, 59, 109
TransferJet …… 92, 94

U

USB …… 36
UWB …… 22

V

VHT …… 119
VoIP …… 130

W

WAN …… 23
WHDI …… 113
Wi-SUN …… 147
WiHD …… 113
WiMAX …… 51, 131
WiMAX-Advanced …… 135
WirelessHD …… 113

X

X 線 …… 7

Z

Z-Wave …… 114
ZigBee …… 104
ZigBeeIP …… 145

π

π/4 シフト QPSK …… 47

かな

あ

アイソトロピックアンテナ …… 71
アダプティブアレイアンテナ
　…… 70, 77, 125
アドホックネットワーク …… 151
アナログ・ベースバンド信号 …… 28
アナログ変調 …… 27
アンテナ …… 13, 26, 70, 76
誤り制御方式 …… 82
誤り訂正機能 …… 27

インピーダンス整合 …… 75
位相偏移変調 …… 32
位相変調 …… 31, 34

円偏波･････････････････････ 73

か

ガードインターバル･････････ 51
ガードバンド･･･････････････ 53
ガンマ線･･･････････････････ 7
隠れ端末問題･････････････128
可視光線･･･････････････････ 7
可視光通信･････････････････ 97
回折･･･････････････････････ 17
角周波数･･･････････････････ 40
角度変調･･･････････････････ 42
干渉･･･････････････････････ 12

キャリヤ･･･････････････････ 25
狭帯域無線･････････････････111

検波･･･････････････････････ 26

光速･･･････････････････････ 10
極超短波･････････････････ 19, 21

さ

サブキャリヤ･･･････････････ 51
さらし端末問題･･･････････128
散乱･･･････････････････････ 18

シングルキャリヤ変調方式････ 51
シンボル･･･････････････････ 53
ジョンソン･････････････････152
指向性アンテナ･････････････ 72
紫外線･････････････････････ 7

時間ホッピング方式･････････ 66
周波数スケジューリング･････140
周波数スペクトル･･･････････ 52
周波数ホッピング方式････ 66, 68
周波数変調･･････････････ 31, 34
周波偏移変調･･･････････････ 32
信号点配置･････････････････ 46
振幅偏移変調･･･････････････ 32
振幅変調････････････････ 31, 34
人体通信･･･････････････････111

スペクトル拡散･･････････ 61, 65
スマートアンテナ･･･････ 70, 77
スループット･････････････129
垂直偏波･･･････････････････ 73
水平偏波･･･････････････････ 74

センサネットワーク･･･････142
赤外線･･････････････････ 7, 92
絶対利得･･･････････････････ 72
占有帯域幅･････････････････ 13
選択性フェージング･････････ 37

相対利得･･･････････････････ 72
送信ビームフォーミング･････123

た

ダイバーシティ･･････････ 82, 85
ダイポールアンテナ･････････ 76
多元アクセス方式･･･････････ 56
単信･･･････････････････････ 64
短距離無線･･･････ 23, 88, 89, 92

161

短波	19, 20	バースト誤り	82
		バックオフ	127
チャネル	58	パイロット信号	50
チャネルボンディング	120	パラボラアンテナ	76
中心周波数	14	半波長ダイポールアンテナ	71
中波	19, 20	反射の法則	16
超広帯域無線	111	搬送波	25
超短波	19, 21		
超長波	19, 20	ビーム	72
長波	19, 20	ビームスイッチング	78
直接拡散方式	66	ビームステアリング	78
直線偏波	73	ビームフォーミング	78, 125
		ピーク対平均電力	54
通信距離	23	ピーク電力対平均送信電力比	138
		比帯域	13
テラヘルツ波	19, 22	微弱無線	93
ディジタル変調	27, 28, 43		
電界	3, 6	ファラデー	8
電子タグ	10	フェージング	18, 19, 37
電子密度	15	プロアクティブプロトコル	155
電磁波	3, 5, 6	符号誤り率	46
電波	3, 7, 10	副搬送波	51, 53
電離層	13, 14	復調	3, 26
		複信	64
ドップラー偏移	54		
特定小電力無線	93	ヘルツ	8

な

ヌルステアリング	78	ベースバンド信号	25
		偏移	32

は

		偏波	12, 73
ハイブリッド方式	66	変調	3, 25
		変調度	34
		変調波	29

ホームネットワーク……………149
ホイップアンテナ……………… 76
ホイヘンス……………………… 16
ホッピングパターン…………… 69
放射角…………………………… 75
放射強度………………………… 75
放射線……………………………7

ま

マイクロ波………………… 19, 21
マクスウェル……………………8
マルコーニ………………………9
マルチキャリヤ変調方式……… 51
マルチパスフェージング… 18, 19
マルチビーム…………………… 78

ミリ波……………………… 19, 22

無指向性アンテナ……………… 73
無線 LAN …… 10, 23, 88, 89 115
無線 MAN…………23, 88, 89, 130
無線 PAN ………… 23, 88, 89, 93
無線 WAN………………… 89, 136
無線通信…………………………1

や

八木・宇田アンテナ…………… 76

有線通信…………………………1
誘電体アンテナ………………… 76

ら

ランダム誤り…………………… 82

リアクティブプロトコル………155
利得……………………………… 71
量子化……………………… 27, 29
量子化の原理…………………… 29
量子化幅………………………… 30

ループアンテナ………………… 76

レーダ…………………………… 12

著者略歴

阪田 史郎（さかた しろう）

1972年	早稲田大学理工学部電子通信学科卒業
1974年	同大学院修士課程修了
	NEC入社．同社研究所においてコンピュータネットワーク，マルチメディア通信，インターネット，モバイル通信等の研究に従事
1996年	NEC研究所所長（〜2004年）
2004年〜	千葉大学大学院教授
	同大学では，ユビキタスネットワーク，M2M／IoTの研究に従事．工学博士．電子情報通信学会フェロー，情報処理学会フェロー．ネットワーク技術関連の単著書3，共著書33.

©Shiro Sakata 2015

スッキリ！がってん！ 無線通信の本

2015年12月11日 第1版第1刷発行

著 者 阪 田 史 郎

発 行 者 田 中 久 米 四 郎

発 行 所
株式会社 電 気 書 院
ホームページ　www.denkishoin.co.jp
（振替口座　00190-5-18837）
〒101-0051　東京都千代田区神田神保町1-3 ミヤタビル2F
電話(03)5259-9160／FAX(03)5259-9162

印刷　中央精版印刷株式会社
Printed in Japan／ISBN978-4-485-60020-7

・落丁・乱丁の際は，送料弊社負担にてお取り替えいたします．

JCOPY 〈(社)出版者著作権管理機構 委託出版物〉

本書の無断複写（電子化含む）は著作権法上での例外を除き禁じられています．複写される場合は，そのつど事前に，(社)出版者著作権管理機構（電話：03-3513-6969，FAX：03-3513-6979，e-mail: info@jcopy.or.jp）の許諾を得てください．また本書を代行業者等の第三者に依頼してスキャンやデジタル化することは，たとえ個人や家庭内での利用であっても一切認められません．

書籍の正誤について

万一,内容に誤りと思われる箇所がございましたら,以下の方法でご確認いただきますようお願いいたします.

なお,正誤のお問合せ以外の書籍の内容に関する解説や受験指導などは**行っておりません**.このようなお問合せにつきましては,お答えいたしかねますので,予めご了承ください.

正誤表の確認方法

最新の正誤表は,弊社Webページに掲載しております.「キーワード検索」などを用いて,書籍詳細ページをご覧ください.

正誤表があるものに関しましては,書影の下の方に正誤表をダウンロードできるリンクが表示されます.表示されないものに関しましては,正誤表がございません.

弊社Webページアドレス
http://www.denkishoin.co.jp/

正誤のお問合せ方法

正誤表がない場合,あるいは当該箇所が掲載されていない場合は,書名,版刷,発行年月日,お客様のお名前,ご連絡先を明記の上,具体的な記載場所とお問合せの内容を添えて,下記のいずれかの方法でお問合せください.
回答まで,時間がかかる場合もございますので,予めご了承ください.

郵便で問い合わせる 郵送先
〒101-0051
東京都千代田区神田神保町1-3
ミヤタビル2F
㈱電気書院 出版部 正誤問合せ係

FAXで問い合わせる ファクス番号 **03-5259-9162**

ネットで問い合わせる 弊社Webページ右上の「**お問い合わせ**」から
http://www.denkishoin.co.jp/

お電話でのお問合せは,承れません

(2015年10月現在)

専門書を読み解くための入門書

スッキリ！がってん！シリーズ

スッキリ！がってん！無線通信の本

ISBN987-4-485-60020-7
B6判164ページ／阪田　史郎［著］
本体1,200円＋税（送料300円）

無線通信の研究が本格化して約150年を経た現在，無線通信は私たちの産業，社会や日常生活のすみずみにまで深く融け込んでいる．その無線通信の基本原理から主要技術の専門的な内容，将来展望を含めた応用までを包括的かつ体系的に把握できるようまとめた1冊．

スッキリ！がってん！二次電池の本

ISBN987-4-485-60022-1
B6判132ページ／関　勝男［著］
本体1,200円＋税（送料300円）

二次電池がどのように構成され，どこに使用されているか，どれほど現代社会を支える礎になっているか，今後の社会の発展にどれほど寄与するポテンシャルを備えているか，といった観点から二次電池像をできるかぎり具体的に解説した，入門書．